清賞叢書

猫苑 猫乘

〔清〕黄漢 輯
〔清〕王初桐 輯

廣陵書社
中國·揚州

圖書在版編目（CIP）數據

貓苑 /（清）黄漢輯. 貓乘 /（清）王初桐輯. -- 揚州 : 廣陵書社, 2023.6
（清賞叢書）
ISBN 978-7-5554-2072-9

Ⅰ. ①貓… ②貓… Ⅱ. ①黄… ②王… Ⅲ. ①貓－馴養－中國－清代 Ⅳ. ①S829.3

中國國家版本館CIP數據核字(2023)第111132號

ISBN 978-7-5554-2072-9
9 787555 420729 >

猫苑 猫乘

著　　者　〔清〕黄漢　〔清〕王初桐　輯
責任編輯　李　佩
出 版 人　曾學文
出版發行　廣陵書社
社　　址　揚州市四望亭路2-4號
郵　　編　二二五〇〇一
電　　話　（〇五一四）八五二二八〇八一（總編辦）
　　　　　八五二二八〇八八（發行部）

微信二維碼
微博二維碼

印　　刷　揚州文津閣古籍印務有限公司
版　　次　二〇二三年六月第一版
印　　次　二〇二三年六月第一次印刷
標準書號　ISBN 978-7-5554-2072-9
定　　價　壹佰叁拾捌圓整（全二册）

http://www.yzglpub.com　E-mail:yzglss@163.com

清賞叢書序

現代生活多姿多彩，而閱讀是一場永恒的心靈之旅；傳統文化包羅萬象，而經典是一泓不朽的精神源泉。傳統經典中既有莊重典雅的經史著作，也有温柔敦厚的詩詞文集，還有許多別具風格的藝術小品，如涓涓清泉，汩汩流淌，清新雅致，妙趣横生，賞讀品玩，回味無窮。于是我們彙集此類典籍，編爲《清賞叢書》，希望打造一套與《文華叢書》相得益彰的經典叢書，讓喜好傳統文化的讀者，享受古典之美，欣賞風雅之樂。

清新脱俗，是謂清；賞心悦目，是謂賞。這套《清賞叢書》的宗旨，就是擷取古人所稱清玩之物、清雅之言，以藝術賞鑒和生活消閑類作品爲主，内容包括品鑒、養生、園藝、書畫、飲食等。仍采用宣紙綫裝的形式，經典内容與傳統形式珠聯璧合，古樸雅致，韵味無窮。

『林泉到處資清賞，翰墨隨緣結古歡。』一册在手，可品紅塵之閑趣，發思

古之幽情。恍若置身古人的心靈家園，領悟經年纍月積澱的人生智慧，如品佳釀，如沐春風，喜悦自心而生，感悟隨時而長。

廣陵書社編輯部

二〇一八年七月

出版説明

猫是人類較早馴化的動物之一，也是較早爲文獻所記載的動物之一。《逸周書》曰：『武王狩，禽虎二十有二，猫二。』《禮記·郊特牲》曰：『迎猫，爲其食田鼠也。』記載了周代猫被視爲獵物與聖物的史實。及其被馴化以來，因其善捕鼠的天性，逐漸承擔起爲人們護書、護衣、護篋的職責，正所謂『繫人事而結世緣』；又因其可愛、慵懶、霸氣、柔順諸種品性，遂集人們的萬千寵愛于一身。從古至今，不少文人雅士、達官貴族都喜歡蓄猫，紀事賦詩，載述不一。

猫的别名繁多，諸如虎舅、狸奴、烏圓、白老、鼠將、銜蟬，等等，大抵均有故實。陸游是著名的猫奴，詩句中『含猫量』較高：『裹鹽迎得小狸奴』，『連夕狸奴磔鼠頻』，『夜長暖足有狸奴』，『狸奴知護案間書』，『狸奴氈暖夜相親』……足見詩人與愛寵相處融洽。明嘉靖帝愛猫，不僅蓄猫數量多，還會給鍾愛的猫加升管事職銜，專設『猫兒房』，置近侍照管。嘉靖帝最心愛的是一

隻長毛獅子猫，取名『霜眉』，猫死後爲其立冢。

當然，除了花陰閑卧、銜蟬撲蝶種種柔媚可喜之外，猫也有陰暗、靈異的一面，并衍生出許多神異故事。《資治通鑒》中記載武則天謀害了王皇后及蕭淑妃，淑妃臨死罵道：『願他生我爲猫，阿武爲鼠，生生扼其喉！』武則天心下膽怯，下詔後宫不許蓄猫。猫甚至還因其食有鮮魚、眠有暖毯，却慵散成性、不務正業（捕鼠），而被賦予了别樣的寓意。沈起鳳《諧鐸》中有《討猫檄》一文，酣暢淋漓地鞭撻了官場上那些尸位素餐的『溺職』者們的優柔寡斷和姑息養奸。一部猫譜，不只是供讀者消閑娱樂，其中也蕴涵了古人無盡的教化之意，這是值得我們大家共同警醒的！

以上這些詩文及故事，都可以在清人所編《猫苑》和《猫乘》中找到。二書彙集歷代有關猫的典故、寓言、傳説、文賦詩詞等，是存世猫譜中比較有代表性的著述。《猫苑》作者黄漢，字秋明，號鶴樓。永嘉（今屬浙江）人。活躍于清道光、咸豐年間。半生飄零，先後在江西、福建、廣西等地作幕僚。博雅君子，

性好山水。《猫苑》二卷，分種類、形相、毛色、靈異、名物、故事、品藻七門，詳細介紹了與猫相關的內容。書中還提到了猫的疾病治療和絶育手術等內容，最可貴的是輯録了失傳已久的《相猫經》。《猫乘》作者王初桐（一七三〇—一八二一），原名丕烈，字于陽，號竹所。江蘇嘉定（今屬上海市）人。諸生。一生勤于寫作，興趣廣泛，撰著頗多。《猫乘》八卷，彙集歷代經傳、百家之書中與猫相關史料，釐爲字説、名號、呼喚、孕育、形體等三十一門。全書頭緒紛繁，內容駁雜。兩種猫譜皆彙集清朝及以前圖籍資料中所記載的猫的內容，所以有重複之處。比較二書，《猫苑》中記載了不少與作者同時的人關于猫的見聞、陳述，比《猫乘》的內容更豐富一些。

本次整理，《猫苑》以咸豐二年（一八五二）甕雲草堂刻本爲底本，《猫乘》以嘉慶三年（一七九八）自刻本爲底本。底本有明顯訛誤的，徑改不出校記。《猫苑·凡例》曰『猫事凡載群籍者，皆頂格直書于本條』，『凡現今交遊諸公有所論列，并另有詩文集可采者，皆隨其事于各門中，低二格書之』。現將底本中頂格書寫的文字段首空二格，置●以示區別。

廣陵書社編輯部

二〇二三年六月

目録

猫苑

〔清〕黄 漢 輯

序一

永嘉黃君鶴樓所纂《猫苑》成，出以示余，余見其蒐輯今古寰瀛異域、史志簡册及雅俗時論，博采兼收，孳孳焉若曰不足，甚至摘取余詩中斷句以附益之，因嘆曰：『君之用心苦矣。』君以東甌詩人薄遊江右，入粤罕有知者，常就吾邑潘少城明府之聘，課其公子。余爲吾邑殘明殉節林丹九先生作傳，君見之，爲改其鄉舉年代出處，寓書于余次子瑨元以質所疑。瑨元緘書至潮，余詫曰：『是博雅君子也！』因亟言于吴雲帆太守。太守亦雅重之，延至郡齋主書記。方瑨元緘書至潮，適鍾君慶瑞卸平鎮雲都司事回黄岡。鍾君，倜儻志節士也，權吾邑戎政，號令嚴明，禁暴止奸，邑人甚德之。與君善，爲余言君言動形狀如繪。鍾君後殉羅鏡之難，余聞之，與君相對欷歔。夫今日之戎政不可問矣，貪如狼，狠如羊，鷙不用命；其臨陣也縮如蝟，其敗走也竄如蛇，安得如君所云有猛者命之爲將，有德者予之以官，不至如鬼而憎之，妖而怯之，精而畏之，而獨異焉者？余因君摘取余詩語，爲憶《辛丑漫成》作『奴傭狗敢耽高卧，鼠恣猫應愧素餐』，《壬子人日》作『七種菜供人日饌，千倉粟向鼠年輪』，與君纂《猫苑》之意將毋同？并序以質之。咸豐三年，歲在癸丑花朝前五日，鎮平宗弟釗作于潮州菘韭舍并書。

序二

聖人云：『多識于鳥獸草木之名。』非徒務于博雅也，蓋以物雖微，其功用著于世，則不以物而忽之，此《爾雅·蟲魚》一疏之所以傳也。《禮·郊特牲》一篇曰『迎猫』，夫猫曰迎，非重猫也，重其食田鼠也。陸佃曰：『鼠害苗，猫捕鼠，故字從苗。』然則猫之功，非大有益于人者耶？吾友黄君鶴樓，博雅君子也，多讀書，留心典故。雖自以不獲用世展志爲憾，而其濟人利物之念時時不忘。性好山水，壯歲即槖筆走四方，無事則從事于鉛槧，無間寒暑，蓋樂此不疲也。嘗著《甌乘補》一書，雖稗官野史之流，而援古證今，補前人所未備，足爲采風之一助，以其所存者大耳。今夏以所新纂《猫苑》寄示，蓋博采古今猫事而成其書，分種類、形相、毛色、靈異、名物、故事、品藻爲七，條分縷析，巨細兼載。噫！何其博也。雖云所纂爲小品，而獨能標新立異，宜乎裘子鶴參軍見其書，稱爲妙趣横生，無義不備，其傳必矣。猫于經書不多見，《詩》稱『有猫有虎』，亦僅爾。間或散見于子史，而亦未有專書，豈以其微而置之耶？然則君之此書，足以補前人之缺漏，而使後之人知猫之有功于世，非特爲博雅之助也。而君之存心利物，不以小而見其大耶？爰書數語以歸之。時咸豐二年壬子季秋月，同里孟仙弟張應庚書于連平官廨。

自序

夫猫之生也，同一獸也，繫人事而結世緣，視他獸有獨異者。何歟？蓋古有迎其神者，以有靈也；呼爲仙者，以有清修也；蓄之于佛者，以有覺慧也。或以其猛，則命之曰將；或以其德，則予之以官；或以其有威制，則推之爲王。凡此，皆猫之異數也。他或鬼而憎之、妖而怯之、精而畏之，抑亦猫之靈異不群有以招致之。然而妖由人興，于猫乎何尤？且有呼之爲姑，呼之爲兄，呼之爲奴，又皆憐之喜之至也。若夫妲己之稱，不更以其柔媚而可愛乎？至于公之、婆之、兒之，此又世俗所常稱，更不足爲猫異。獨異其禀性乖覺，氣機靈捷，治鼠之餘，非屋角高鳴，即花陰閑卧，銜蟬撲蝶，幽戲堪娱，哺子狎群，天機自適。且于世無重墜之累，于事無牽率之惧，于物殖有守護之益，于家人有依戀不捨之情，功顯趣深，安得不令人愛之重之耶！以故穿柳裹鹽，聘迎不苟，銅鈴金鎖，雅飾可觀，食有鮮魚，眠有暖毯，士夫示紗幮之寵，閨人有懷袖之憐，而其享受所加，較之群獸爲何如耶？然則猫之繫結人事世緣，若有至親切而不可離釋者，方有若斯之嘉遇，此猫之所以視群獸有獨異焉者。

嗚呼！血肉之微，亦陰陽偏勝之氣所鍾，宜乎補裨物用，締契名賢，貽光毛族多矣，庸非猫之榮幸乎哉！人莫不有好，我獨愛吾猫：蓋愛其有神之靈也，有仙之清修也，有佛之覺慧也；蓋愛其有將之猛也，有官之德也，有王之威制也；且愛其無鬼、無妖、無精之可憎、可怯、可畏之實，而有爲鬼、爲妖、爲精之虚名也；且愛其有姑、有兄、有奴、有妲己之可憐、可喜、可媚之名，而無爲姑、爲兄、爲奴、爲妲己之實相也；抑又愛其能爲公、爲婆、爲兒之名實相副也。此余《猫苑》之所由作也。

歲咸豐壬子長至日，甌濱逸客黄漢自序。

凡例

一、猫事本無專書，古今典故僅散見于群籍，今仿昔人《虎薈》《蟹譜》，暨《蟋蟀經》之例，廣用蒐羅輯成。茲集無論事之巨細、雅俗，凡有關于猫者，皆一一録之，以裕見聞。

一、茲輯無異爲猫作全傳，頭緒紛繁，叙次最易紊亂，今分門爲七：曰種類，曰形相，曰毛色，曰靈異，曰名物，曰故事，曰品藻。凡所收典故詩文，各以類從，閲者易于醒目。

一、各門中猫事，大抵出于經史子集及彙書説部，若或有所引證辯論，皆另列按語于本條之左。

一、猫事凡載群籍者，皆頂格直書于本條，下注明見某書。其本無書所載，而出于前輩筆記、故舊傳聞，人雖作古，其所遺或小簡，或尺牘，或片識，并各于本條下注明，見有來歷，亦頂格直書。

一、凡現今交遊諸公有所論列，并另有詩文集可采者，皆隨其事于各門中，低二格書之，示有區别。

一、諸交遊因予有茲纂，或代徵故實，或代借書籍，大有襄助之益。至爲釐訂而鑒定，采輯而商榷，尤足起予故陋，厥功皆不可泯。如潮州太守錢塘吴公雲帆均、翰林待詔鎮平黄公香鐵釗、連平剌史同里張公孟仙應庚、廣東藩參軍新建裘君子鶴楨、知鹺山陰胡君笛灣秉鈞、番禺孝廉丁君仲文杰、上舍朱君竹阿元譔名銘暨桐城姚翁百徵齡慶、山陰陶翁蓉軒汝鎮、毗陵張君槐亭集、錫山華君潤庭滋德、壽州余君藍卿士鍈及陶文伯炳文也。文伯爲蓉軒翁哲嗣，英年好學，博涉群書，于予是輯，尤爲多助。若夫江浦巡尹同里陳君寅東杲，則專任校勘者也。此外，凡説一事、獻一義，則其姓氏亦不可遺，已于各門本條上冠列。苔岑夙契，同俾有徵。

一、是編引用書目繁雜，茲不另爲標列，惟《雨窗雜録》係王碧泉先生所纂。先生名朝清，字宸哲，永嘉人，耆年碩德，爲枌榆引重。其書紀載事物有裨考鏡，余于進士鄭星舟明府署中見之，今得采列諸條，尚係昔日抄存者。爲故老留手澤于什一，未始非斯文之幸。

一、古今書籍何限，人世事物無窮，凡耳目之未接、品類之未備，殆亦非少，窒漏貽譏，知所難免，更俟博雅君子與夫同志者續之焉可。

一、全書剞劂將竣，續有所獲故事不能按門增入，擬列之補遺，附于卷末，未免有遺珠之憾，仍俟積有卷帙，再行付梓。

一、是輯因作客餘閑，采録以成，兩閲暑寒，不過以飣餖爲事，深愧瑣瑣筆札，無裨世用。然而結習所在，樂此不疲。昔人云：『聊用著書情，遣此他鄉日。』夫固非予之本志也，識者諒之。黄漢識。

卷上

種類

夫獸類其繁乎，猫固獸中之一類也，然其種之雜出又甚不同，以之尚論，必先因厥類而推暨其種，非特用資辨證，則亦多識夫鳥獸之名之一助也。輯《種類》。

●鼠害苗而猫捕之，故字從苗。《埤雅》

●猫有苗、茅二音，其名自呼。《本草綱目》

●猫，豾狸之屬也。《博雅》

●猫本狸屬，故名狸奴。《韻府》

漢按：《説文》：『猫，狸屬。』豾狸，《廣雅》作貔狸。

●猫之爲獸，其性屬火，故善升喜戲，畏雨惡濕，又善驚，皆火義也，與虎同屬于寅。或謂猫屬丁火，故尤靈于夜。《物性纂異》

吴雲帆太守曰：《六壬大全》載，白虎晝主虎豹，夜主猫狸；螣蛇天空，則主猫狸之怪。又占脱物，看類神。木，植棹橙席。猫，視寅，見《大六壬尋源》。

漢按：猫虎氣類頗同。《詩》云『有猫有虎』，故連類及之。或説類書載虎屬寅得丙，猫屬卯得丁，故虎稟純陽之氣，而猫則陰陽兼有也，于義亦通。

漢又按：古者猫狸并稱，《韓非子》：『將狸致鼠，將冰致蠅，必不可得。』又：『使雞司夜，令狸執鼠，皆用其能。』《莊子》：『羊溝之雞，以狸膏塗頭，故鬥勝人。』注：『雞畏狸膏。』又《説苑》：『使騏驥捕鼠，不如百錢之狸。』又《鹽鐵論》：『鼠穷嚙狸。』凡此皆是也。《抱朴子》：『寅日山中稱令長者，狸也。』是猫爲狸類，與虎同屬于寅，諸義悉合。

●家猫爲猫，野猫爲狸。狸亦有數種，大小似狐，毛雜黄黑，有斑如猫，圓頭大尾者，爲猫狸，善竊雞鴨。《正字通》

漢按：俗謂闊口者爲猫，尖嘴者爲猫狸。

●一種靈猫，生南海山谷，狀如狸，自爲牝牡，陰香如麝。《本草綱目》

黃香鐵待詔釗曰：靈猫，見《肇慶志》，即《山海經》所謂「類」也。自爲牝牡，又名「不求人」，狀如猫，而力甚猛，其性殊野。夏森圃觀察攝肇慶府篆時，市得其一，以《山海經》有食之不妒之說，命庖人烹之，以進其夫人。不欲食，乃送書房佐餐。余時課其公子讀，食之，其味似猫肉。

●一種香猫，如狸，出大理府，文如金錢豹，此即《楚辭》所謂文狸，王逸稱爲神狸。《丹鉛録》

●《星禽真形圖》：心月狐，有牝牡兩體，其神狸乎？《本草集解》

●香狸有四外腎，其能自爲牝牡。《酉陽雜俎》

漢按：《楚辭》之神狸，與《星禽圖》之神狸，名實似乎不同，蓋一指獸言，一指星精言。其自爲牝牡之説，則與《本草》所謂「靈猫」、《山海經》所謂「類」者，皆一物也。至于黑契丹，亦産香狸，文似土豹，糞溺皆香如麝，見劉郁《西域記》。此則與陸氏《八紘譯史》所載「阨入多國之山狸，其形似麝，臍有肉囊，香滿其中」者，似又非類中之同類爾，惟皆稱狸不稱猫。而《丹鉛録》乃云香猫即神狸，其必有所據也。

●一種玉面狸，人捕畜之，鼠皆貼伏不敢出。《廣雅》

漢按：《閩記》：「牛尾狸，一名玉面狸。」亦善捕鼠。而張孟仙刺史應庚曰：「神狸、玉面狸，皆言狸，實非猫也。雖有野猫爲狸之稱，但野猫形近于猫，不過家與野之分耳。狸則長身似犬，大有不同，蓋狐之屬。」

漢按：狸與猫，古稱不一，但能捕鼠，即猫之屬也。如《淮南子》云：「狐目狸腦，鼠去其穴。」又《文選注》引《蒼頡篇》：「狖似猫，搏鼠，出河西。」《廣雅》曰：「猁，狖也。」今余友朱元譔先生所纂《學選質疑》，以謂貁乃狸屬，非貜狖之狖。此從豸，彼從犬。據此數説，則獸能捕鼠者，非獨猫也。況心月狐一説，是猫與狸皆狐之屬，故并能祛鼠。古人猫、狸并稱，當必以此。或云「猫雖靈物，獨不列于二十八宿」，是誠未見《星禽真形圖》耳。考《管窺輯要》「二十八宿打陣破禽法」云：「女土蝠值日，是鼠精戰鬭，則用青衣、青旗并罩網，及猫兒打入，他陣可破。此蓋以狐之類神，制鼠之化炁也。」然則猫何嘗不列于二十八宿耶？要之，貓也，狸也，玉面狸也，種雖不同，而其類無不同也。

●一種名蒙貴，類貓而大，高足而結尾，捕鼠捷于貓。《海語》

漢按：《廣東通志》作「獴𤢥」。有黑白黃狸四色，産暹羅者最良。安南亦産蒙貴，見《八紘譯史》。考《爾雅》作「蒙頌，猱狀」，郭注：「狀如蜼而小，紫黑色，九真、日南出之。」而《集韻》乃云：「猱即蒙貴也。紫黑色，捷于捕鼠。」李雨村《粤東筆記》云：「《海語》以舶估挾至廣，常貓見而避之，豪家每以十金易一。今粤人所稱洋貓，大抵即獴𤢥也。然而虞虹升徹以蒙貴非貓，今稱貓爲蒙貴者誤，見《天香樓偶得》。」

黃香鐵待詔云：《陵水志》載有海鼠重百斤，然猶畏貓，遇獴𤢥嚙其目而斃。

漢又按：乙苟滿國，其鼠大如貓，見《八紘譯史》。

●一種虥貓，蓋似虎而淺毛者，《爾雅》稱爲虎竊毛。

漢按：虥，《韻會》作戲，音棧。《玉篇》云：「貓也。」考《爾雅》，狻麑如虥貓，食虎豹。

●一種海狸，産登州島上，貓頭而魚尾。《登州府志》

漢前在山東見一貓，頭扁而尾歧，蓋方琦廣文云：「此産皮島中，名島貓，或呼磯貓。」其狀極似登州海狸也。

●一種三足貓，人家得此主富樂，故云「貓公三足，主翁富樂」。《相畜餘編》

山陰諸緝山熙曰：電白縣水東鎮浙人楊姓，畜一貓而三足，後一足短軟，不具其形。其眼一黃一白，俗呼日月眼。甚瘦小，聲亦細，鼠聞聲輒避。見狗即登其背，齕其耳，狗亦畏之。

●一種野貓花貓，宋安陸州嘗以充貢，李時珍謂即虎狸、九節狸。《本草綱目》

漢按：《格物論》：九節狸，金眼長尾，黑質白章，尾文九節。《本草集解》謂似虎狸，而尾有黑白錢文相間者，爲九節狸。第此既有野貓花貓之稱，自是貓屬，則與《閩記》所稱牛尾狸亦名玉面狸者同。能祛鼠，似不得概指爲狐狸也。又考李雨村《粤東筆記》：「南越貓狸，文多錦錢。」此與虎狸之尾錢文相間者差同。

胡笛灣知鹺秉鈞云：南方有白面而尾似牛者，爲牛尾狸，亦曰玉面狸。專上樹木，食百果，冬月極肥，人多糟爲珍品，大能醒酒。梅堯臣《宣州》詩：『沙水馬蹄鼈，雪天牛尾狸。』

漢按：梁紹壬《秋雨庵隨筆》云：『蒸玉面狸以蜜，使不走膏。』

又云：楊萬里偶生得牛尾狸，獻諸丞相益公，侑以長句云：『山童相傳皂衣郎，字曰季狸氏奇章。』又詩云：『狐公韻勝冰玉肌，字則未聞號季狸。』

又云：蘇子瞻《牛尾狸》詩：『首如狸，尾如牛，攀條捷嶮如猱猴，橘柚爲漿栗爲餱。』

● 一種四耳猫，出四川簡州，神于捕鼠，本州歲以充方物。《西川通志》

張孟仙刺史云：四耳者，耳中有耳也。州官每歲以之貢送寅僚，所費猫價不少。

華潤庭云：昔李松云中丞之女公子愛猫，中丞守成都時，簡州嘗選佳猫數十頭，并製小床榻及綉錦帷帳以獻。孫平叔制軍有女孫，亦愛猫，督閩浙時，臺灣守令所獻亦多美猫。潤庭，名滋德，錫山人。

裘子鶴參軍楨云：以床榻綉錦帷帳處猫，此古今創格。張大夫之緑紗幮，不得專美于前矣。

漢按：猫有緑紗幮，幸矣，不意後世復有綉錦帷褥之享也。第猫多畏寒，冬日，余嘗製綿裍衣之，免使偎竈投床，不猶愈于紗幮錦褥者耶！

● 一種獅猫，形如獅子。《老學庵筆記》

張孟仙曰：獅猫，産西洋諸國，毛長身大，不善捕鼠。一種如兔，眼紅耳長，尾短如刷，身高體肥，雖馴而笨。近粤中有一種無尾猫，亦來外洋，最善捕鼠，他處絶少見之，可謂絶品，不得概以洋猫而薄之也。

張心田炯云：獅猫眼有一金一銀者。余外祖胡公光林守鎮江，嘗畜雌雄一對，眼色皆同。余少住署中，親見之。

漢按：金銀眼，又名陰陽眼。

漢按：獅猫，歷朝宫禁卿相家多畜之。咸豐元年五月，太監白三喜使侄白大進宫馭獅猫，另因他事釀案，奏辦，見邸報。

●一種飛猫，印第亞，其猫有肉翅，能飛。《坤輿外記》

漢按：李元《蠕範》亦載此，惟不指明西洋何國。考《八紘譯史》并《彙雅》，天竺國及五印度，猫皆有肉翅，能飛，其即此歟？

●一種紫猫，産西北口，視常猫爲大，毛亦較長，而色紫，土人以其皮爲裘，貨于國中。王朝清《雨窗雜録》

漢按：今京師戲稱紫猫爲翰林貂，蓋翰林例穿貂，無力致者，皆代以紫猫，故有是稱，頗雅馴也。

●一種歧尾猫，産南澳，其尾捲，形若如意頭，呼爲麒麟尾，亦呼如意尾，捕鼠極猛。

海陽陸章民盛文云：南澳地如虎形，産猫猛捷，惟忌見海水，謂能變性。携帶内渡者，必藏閉船艙，方免此患。

山陰丁南園士萇云：海陽縣豐裕倉有猫，麒麟尾，善于治鼠，一倉賴焉。

潮陽縣文照堂自蓮師，有小猫一隻，尾梢屈如麒麟尾，純黑色，惟喉間一點白毛如豆，腹下一片白毛如小鏡，雖《相猫經》，未有載名，可稱喉珠腹鏡也。漢自記

山陰孫赤文定薫云：山陰西灣人家，有一白猫，尾分九梢，梢有肉椿，皆極細，而各梢之毛，毿毿然如獅子尾，人呼爲九尾猫。

●毛犀，即象也，善知吉凶。人呼爲猫猪，交廣人謂之猪神。《丹鉛録》

黄香鐵待詔云：崖州有一種猫蛇，其聲如猫，見《瓊州志》。

胡笛灣知鹾云：仙蜂，出休與山，形如猫，愛花香，聞有異香，雖遠必至，食而後返，見《女紅餘志》。

漢按：《山海經》有獸如狸，白首，曰天狗，食蛇，其音如猫。又忽魯謨斯國奇獸，名草上飛，大如猫，而玳瑁斑，百獸見之皆伏。尤悔庵《外國竹枝詞》：『玳瑁斑斑草上飛。』見《龍威秘書》。又亞毗心域國物産，有亞爾加里亞，其

獸如猫，尾後流汁，黑人阱于籠中，以刀削其乾汁，以爲奇香。又亞魯小國有飛虎，大不過如猫，有肉翅，飛不能遠，并見《八紘譯史》。又蚺蛇聲甚怪，似猫非猫。又有烏猫，首似鵂鶹，鳴曰：『深掘深掘。』并見《赤雅》。以上皆非猫而有猫之形聲名狀者，其于猫，誠爲非類而類也。故附兹篇末，以備異覽。

形相

何物無形，何物無相，形相既具，優劣從分，况猫之優劣繫于形相間者尤摯，故因言種類而繼及之，取材者可從而類推焉。輯《形相》。

猫之相有十二要，皆出《相猫經》，兹備録之。

●頭面貴圓。《經》云：『面長雞種絶。』

●耳貴小貴薄。《經》云：『耳薄毛氊不畏寒。』又云：『耳小頭圓尾又尖，胸膛無旋值千錢。』

漢按：李元《蠕範》云：『猫性畏寒，而不畏暑。』《花鏡》云：『猫初生者，以硫黄納猪腸内，煮熟拌飯與飼，冬不畏寒，亦不戀竈。』

●眼貴金銀色，忌黑痕入眼，忌泪濕。《經》云：『金眼夜明燈。』又云：『眼常帶泪惹災星。』又云：『烏龍入眼懶如蛇。』

漢按：《神相全编》：『人相得猫眼，主近貴隱富。』又按：烏龍入眼之猫，未必皆懶，余嘗畜之，勤捷彌甚，惟患遭凶，蓋惡紋犯忌故耳。

●鼻貴平直，宜乾，忌鈎及高聳。《經》云：「面長鼻梁鈎，雞鴨一網收。」又云：「鼻梁高聳斷雞種，一畫横生面上凶。頭尾攲斜兼嘴禿謂無鬚，食雞食鴨捲如風。」

●鬚貴硬，不宜黑白兼色。《經》云：「鬚勁虎威多。」又云：「猫兒黑白鬚，屙尿滿神爐。」

●腰貴短。《經》云：「腰長會過家。」

●後脚貴高。《經》云：「尾小後脚高，金褐最威豪。」

●爪貴藏，又貴油爪。《經》云：「爪露能翻瓦。」又云：「油爪滑生光。」

陶文伯炳文云：猫行地，有爪痕者，名油爪，此爲上品。

●尾貴長細尖，尾節貴短，又貴常擺。《經》云：「尾長節短多伶俐。」又云：「尾大懶如蛇。」又云：「坐立尾常擺，雖睡鼠亦亡。」

漢按：猫以尾掉風，截而短之，則不能掉矣，威狀大損。今越人養猫故截短其尾，殊失本真。

遂安余文竹曰：《續博物志》云：「虎渡河，豎尾爲帆。」則猫之以尾掉風一語，亦自有本。

●聲貴喊，夫喊，猛之謂也。《經》云：「眼帶金光身要短，面要虎威聲要喊。」

漢按：諺云「好猫不做聲」，非謂無聲，若一做聲，則猛烈異常，甚有使鼠聞聲驚墮者，此喊之足貴也。

●猫口貴有坎，九坎爲上，七坎次之。《經》云：「上齶生九坎，週年斷鼠聲。七坎捉三季，坎少養不成。」并見《揮麈新談》及《山堂肆考》。

桐城姚百徵先生齡慶云：「猫坎分陰陽，雄猫則九七五，奇數也，九爲上，七次之，五爲下；雌猫則八六四，偶數也，八爲上，六次之，四爲下，但四坎者絶少，故雌者每佳，而雄者多劣，皆五坎也。」此説發前人所未言，蓋從格致中來者，足以補《相猫經》之闕。

●睡要蟠而圓，藏頭而掉尾。《經》云：「身屈神固，一槍自護。」

漢按：猫相具此『十二要』之外，又有所謂五長，名蛇相猫，亦良，蓋頭尾身足耳無一不長。若五者俱短，名五秃，能鎮三五家。見《相猫經》。

王玥亭少尹實琛初尉平遠時，寓中多鼠，于民家索得一猫捕之，鼠患一靖。猫甚靈馴戀舊，雖養于公寓，時返故主。旋遷往衙署，仍不忘原寓及故主之家，常復遍歷。蓋三處往來，鼠耗皆絶。所謂佳猫之能鎮三五家者，洵不誣已。

又按：粤人驗猫法，惟提其耳而四脚與尾隨即縮上者爲優，否則庸劣。湘潭張博齋以文謂擲猫于牆壁，猫之四爪能堅握牆壁而不脱者，爲最上品之猫，此又一驗法也。

毛色

猫之有毛色，猶人之有榮華，悦澤者翹舉，憔悴者委靡，此固定理。然而美惡岐而貴賤判，否泰亦于是乎寓焉。夫有形相，斯有毛色，二者固相爲表裏也。輯《毛色》。

●猫之毛色，以純黄爲上，純白次之，純黑又次之。其純狸色，亦有佳者，皆貴乎色之純也。駁色，以烏雲蓋雪爲上，玳瑁斑次之，若狸而駁，斯爲下矣。《相猫經》

漢按：純黄爲金絲，宜母猫；純黑爲鐵色，宜公猫。然黄者多牡，黑者多牝。故粤人云：『金絲難得母，鐵色難得公。』

●凡純色，無論黄白黑，皆名四時好。《相猫經》

姚百徵云：家伯山柬之宰揭陽日，于番舶購得一猫，潔白如雪，毛長寸許，粤人稱爲『孝猫』，蓄之不祥。後伯山升同知及知府，此猫俱在，無所謂不祥也。

漢按：『孝猫』二字甚新。純白猫，甌人呼爲『雪猫』。

●金絲褐色者尤佳，故云：『金絲褐色最威豪。』《相猫經》

漢按：褐黄黑相兼之色，褐而帶金絲者，名金絲褐，誠所罕見。

●楚州射陽猫，有褐花色者。靈武猫，有紅叱撥色及青驄色者。《酉陽雜俎》

●一種三色猫，蓋兼黄白黑，又名玳瑁猫。《相猫經》

●烏雲蓋雪，必身背黑，而肚腿蹄爪皆白者方是，若僅止四蹄白者，名踏雪尋梅，其純黄白爪者同。《相猫經》

●純白而尾獨黑者，名雪裏拖槍，最吉，故云：『黑尾之猫通身白，人家畜之産豪傑。』通身黑，而尾尖一點白者，名垂珠。《相猫經》

●純白而尾獨純黑，額上一團黑色，此名掛印拖槍，又名印星猫。人家得此主貴，故云：『白額過腰通到尾，正中一點是圓星。』《相猫經》

鉅鹿令黄公虎岩有印星猫一對，常令人喜悦，惟不善捕鼠。然有此猫，則署中鼠耗肅清，官事亦順吉，是即貴之驗。虎岩名炳，鎮平人，道光間由副榜通籍。

陶文伯云：余家畜一白猫，其尾獨黑，背上有一團黑色，額上則無，是可稱負印拖槍也。肥大，重可七八斤，性靈而馴，每縛置案側。偶肆叫跳，以竹梢鞭之，亟知趨避，或俯首帖伏。其常時，雖以杖懼之，略無怯色。

●純烏白尾者亦稀，名銀槍拖鐵瓶。《相猫經》

黄香鐵待詔云：《清異録》載：唐瓊花公主，自總角養二猫，雌雄各一，白者名銜花朵，而烏者惟白尾而已，公主呼爲麝香騧妲己。

漢按：《表異録》亦載此，其一黑而白尾者，爲銀槍插鐵瓶，呼爲昆侖妲己；其一白而嘴邊有銜花紋，呼爲銜蟬奴，與《清異録》所載稍異。

●通身白而有黄點者，名綉虎；身黑而有白點者，名梅花豹，又名金錢梅花；黄身白肚者，名金被銀床；若通身白而尾獨黄者，名金簪插銀瓶。《相猫經》

諸緝山曰：陽江縣太平墟客寓，有一純白猫，而尾獨黄，俗呼金索掛銀瓶，重十餘斤，捕鼠甚良，謂得此猫，家業日盛。

●通身或黑或白，背上一點黄毛，名將軍掛印。《相猫經》

●身上有花，四足及尾又俱花，謂之纏得過，亦佳。《致富奇書》

●猫有攔截紋，主威猛。有壽紋，則如八字，或如八卦，或如重弓重山。無此紋，則懶闒無壽。《相畜餘編》

漢按：攔截紋者，頂下横紋也，主猫有威，猶虎之有乙也。

●純色猫帶虎紋者，惟黄及狸，若紫色者絶少。紫色而帶虎紋，更爲貴品。《相畜餘編》

吴雲帆太守嘗畜一猫，純紫色，光彩奪目，長而肥大，重可十餘斤，自是佳種。張治園述

●猫有旋毛，主凶折，故云：『胸有旋毛，猫命不長，左旋犯狗，右旋水傷。通身有旋，凶折多殃。』《相猫經》

●毛生屎窟，屙屎滿屋，非佳猫也。《相猫經》

漢按：《珞琭子》云：『猫能掩屎，靈潔可喜，故好潔之猫，無不靈也。』

●凡花猫，其花朝口，主咬頭牲。《崇正闢謬通書》

張孟仙曰：『猫之色雜者爲雌，純者爲雄，所謂玳瑁斑者，雜而雌也。雪裏拖槍、烏雲蓋雪雖有二色，皆算純色而爲雄也。』此説亦新。夫毛色有生輒定，未有一歲之間，兩變其色者。余友諸緝山謂陽江縣深垠村孫姓鹽丁有純白猫，冬至後漸長黑毛，交夏至則純黑矣。過冬至復又黑白相間，次年夏至仍爲純白，是年年换色者也，可稱瑞物。益見造化賦物之奇，無乎不可。

壽州余藍卿士瑛云：余昔舟泊揚州，見一技者于通衢之市，周以布障，鳴鑼伐鼓，招致觀者。場東有猴驅狗爲馬，演諸雜劇；場西有猫高坐，端拱受群鼠朝拜，奔走趨蹌，悉皆中節。猫則五色俱備，青、赤、白、黑、黄交錯成文，望之燦若雲錦。問所由來，云自安南，匪特罕見，實亦罕聞。或曰此贋鼎也，殆亦臨安孫三染馬纓之故智歟？

漢按：毛色可僞至此，亦神乎其技矣。

靈異

物之靈蠢不一，靈者異而蠢者庸，于此可以見天稟也。若猫于群獸，其靈誠有獨異，蓋雖鮮乾坤全德之美，亦具陰陽偏勝之氣。是故爲國祀所不廢，而于世用有攸裨也。輯《靈異》。

●臘日迎猫，以食田鼠，謂迎猫之神而祭之。《禮記》

●唐祀典有祭五方之鱗羽嬴毛介。五方之猫、於菟及龍、麟、朱鳥、白虎、玄武，方别各用少牢一。《舊唐書》

漢按：禮八蜡有猫虎、昆蟲。後王肅分猫、虎爲二，無昆蟲。張横渠以爲然，見經疏。

仁和陳笙陔振鏞曰：杭人祀猫兒神，稱爲隆鼠將軍，每歲終，祭群神必皆列此。

張衡齋振鈞云：金華府城大街有差猫亭，本先朝軍裝局，相傳有鼠患甚暴，朝廷差賜一猫，而鼠暴頓除。後立廟其地，稱靈應侯至今，里人奉爲社神，呼爲差猫亭云。

●猫眼定時甚驗，蓋云：『子午卯酉一條綫，寅申巳亥棗核形，辰戌丑未圓如鏡。』一作『寅申巳亥圓如鏡，辰戌丑未如棗核』，餘同。皆見通書、選擇書。

漢按：《酉陽雜俎》僅云：『猫眼旦暮圓，至午竪成一綫。』

又按：初生猫，血氣未足，瞬息無常，以之定時，仍屬無驗。

●南番白湖山，有番人畜一猫，後死，埋于山中。久之，猫見夢曰：『我活矣，不信，可掘觀之。』及掘之，惟得二睛，堅滑如珠，驗十二時無誤。《娜嬛記》

漢按：一種寶石，中含水痕一綫，摇之似欲動者，横斜皆可視，名爲猫兒眼。

黄香鐵待詔云：真臘國主指展上，皆嵌猫兒眼睛石。

漢又按：《八紘譯史》：『默德那即古回回祖國，産猫睛，大小按時。』據此則是活寶石也。又：『錫蘭國海山上，出寶石猫睛，碧者名瑟瑟，紅者名靺鞨。』而《八紘譯史》又載：『伯西爾國人少之時，鑿頤及下唇作孔，以猫睛、夜光諸寶石嵌之爲美。』又：『真臘國王手足皆戴金鐲，嵌以猫睛。』是非僅指展上嵌之而已。

《秦淮聞見録》：『飾有瑶釵、寶珥、火齊、猫睛。』蓋述妓人華飾也。

●猫鼻端常冷，惟夏至一日暖，蓋陰類也。《酉陽雜俎》

●猫于黑暗中，逆循其毛，能出火星者爲異，并不生蚤虱。同上

●猫洗面過耳，主有賓客至。同上

漢按：甌諺，猫洗面，日有次度者，謂隨潮水長落。

●猫與虎同，皆能畫地卜食。

胡笛灣知鹺云：此即《埤雅》所載，今俗謂之卜鼠是也。

●凡寅月子日子時，硃書『[illegible]』。此符貼于竈上，勿令人見，可以辟鼠。王纕堂《衛濟餘編》

●刻木爲猫，用黄鼠狼尿，調五色畫之，鼠見則避。《夷門廣牘》

●椿樹葉、冬青葉、絲瓜葉曝乾，每四季，焚于堂中，鼠自避去。此名金猫

辟鼠法。《壽世保元》

漢按：甌俗，每歲立春之時，燃樟葉爆竹于門堂奥室諸處，名爲燀春。口號云：『燀春燀燀，猫兒眼光燀燀，老鼠眼膜瞎。』蓋咒鼠目之瞎也。有應者，終年鼠患爲稀。

漢按：吴小亭家藏王忘庵所畫《烏猫圖》，自題十六字云：『日危宿危，熾爾殺機。烏圓炯炯，鼠輩何知。』其首句，咸不解所謂。余按家藏香鐵待詔《重午畫鍾馗》詩云：『畫猫日主金危危。』則知危日值危宿，畫猫有靈，必兼金日者，金爲白虎之神。忘庵句蓋本乎此。然則假猫之靈以辟鼠，其術亦多矣哉。

●牝猫無牡交，但以竹帚掃背數次則孕。又一法，用木斗覆猫于竈前，以帚擊斗，祝竈神而求之，亦有胎。《本草綱目》

黄香鐵待詔云：山東、河北人謂牝猫爲女猫。《隋書·獨孤陀傳》：『猫女向來無住宮中。』是隋時已有此語。見顧亭林《日知録》。

●猫孕兩月而生。《本草綱目》

漢按：猫成胎，有三月而産，名奇窩；四月而産，名偶窩。養至一紀爲上壽，八年爲中壽，四年爲下壽，一二年者爲夭。浙中以單胎者爲貴，雙胎者賤。一胎四子，名抬轎猫，賤而無用；若四子斃其一二，則所存者亦佳，名爲返貴。見王朝清《雨窗雜録》。

華潤庭云：『猫胎以少爲貴，故有一龍二虎之説。』又云：『猫以臘産爲佳，初夏者名早蠶猫，亦善。秋季次之。夏爲劣，以其不耐寒，冬必向火，名煨竈猫。』

漢按：猫煨火皮瘁，硫黄納猪腸中，煮熟喂之，愈。見《致富奇書》。

陶文伯云：猫懷胎，血氣不足者，往往亦成小産，是人獸有同然者。

鈕華亭少尹光存云：虎一生不再交，以虎陽有逆刺也，其痛楚在初。猫一歲僅再交，以猫陽有順刺也，其痛楚在終。餘畜之陽無刺，無所痛楚，故其交無度。

漢按：此説故老相傳，甚近理，足爲格致之助。大抵猫之交，常于春秋二季，其頭交時，則牝牡相呼，雖遠必尋聲而至，俗謂之叫春。

張衡齋云：『凡猫交，必春猫遇春猫，冬猫遇冬猫，始交。夏秋之猫亦然。否則，雖强之，不合也。』此説未經人道，想亦氣類相求故耳。

●猫初生，見寅肖人，而自食其子。《黄氏日抄》

漢按：猫産子，目未瞬者，子肖人見之，則食子。或曰，生于子日，見子肖人則食子，與黄氏之説異。

●猫食鼠，上旬食頭，中旬食腹，下旬食足，與虎同。陰類之相符如此。李元《蠕範》

漢按：一説，食旬各有所先，月初先頭，月中先腹，月尾先腿脚。食有餘者，小盡月也。

華潤庭曰：『猫食鼠，分三旬，亦有捕鼠無算，絶不一食者，其種之最良歟？』又曰：『猫食鼠，或于衣物茵席之上，勿驚驅之，聽其食畢，自無痕迹。若逼視之，則血污狼藉矣。或謂當食時視之，則齒軟，以後不復能囓鼠。』

常州張槐亭集云：猫一名家虎，鼠一名家鹿，猫之食鼠尚矣。惟是豺祭獸時，不知鹿在其中否也。

●北人謂猫過揚子江、金山，則不捕鼠。厭者，剪紙猫投水中，則不忌。《酉陽雜俎》

漢按：《淵鑒類函》云：「昔韓克贊嘗于汝寧帶回一猫，過江果不捕鼠。」

豐順丁雨生茂才日昌云：物各有所喜，如詩傳馬喜風、犬喜雪、豕喜雨。而猫獨喜月，故月夜常登屋背，蓋與狐狸同性也。

●猫喜與蛇戲，或謂此水火相因之義。以猫屬陰火，而螣蛇水畜而火屬也。王朝清《雨窗雜録》

漢按：猫并喜自戲其尾，故北人有「猫兒戲尾巴」之諺。

山陰張治園錡曰：猫與蛇鬥，俗稱龍虎鬥。嘗見猫蛇鬥于屋背，蛇敗，穿瓦罅下遁。適屋下人遇之，以鋤揮爲兩段，上段飛去，已而結成翻唇肉疤，大如碟。一日，斷蛇者晝卧于床，蛇穿其帳頂，欲下嚙之，因肉疤格擱，猫適見之，登床猛喊，其人驚醒，見蛇，懼而避之，幸未遭噬。人謂蛇知報冤，猫知衛主。

●猫解媚人，故好之者多，猫固狐類也。彭左海《燃青閣小簡》

漢按：越俗謂猫爲妓女所變，故善媚，其説未免附會。

●鼠嚙猫，占主臣害君。《管窺輯要》

漢按：唐弘道初，梁州倉有大鼠，長二尺餘，爲猫所得，鼠反嚙之，見《五行志》。考《開元占經》，京房曰：「衆鼠逐狸，兹爲有傷，臣代其王，忠爲亂，天辟亡。」又曰：「臣弑其君，大臣亡。」又曰：「鼠無故逐狸狗，是謂反常，臣殺其君。」

●凡夢虎斑猫，爲陽襲陰之象，人室者吉，自内外竄，不祥。去而復來者，得人心。《夢林玄解》

●凡夢獅猫，爲豐亨久安之象，主門下人有勇而好義者，或果得佳猫以應。同上

●凡夢猫鼠同眠，下必有犯上者。若當此時生小猫，則爲劣物。同上

●凡夢群猫相鬥，主暮夜有戎之兆，于己無患。若夢家猫被他家猫咬傷，下人有災。同上

●凡夢猫捕鼠，主得財。須防子媳災。姓褚者最忌，主有事南蠻不返之兆。同上

●凡夢猫吞蝴蝶，恐有陰私鬼害正人。同上

●凡夢猫吞活魚，主成家立業，手下得人。若至山東，更主獲利。同上

漢按：《夢林玄解》一書，爲葛稚川原本，邵康節續輯，至明陳士元增補成書，至數十卷之多。刻于明季，而國朝《四庫全書》未曾收入。起自周官，宗夫長柳，引經證史，觸類旁通，玄解靈警，發人深省，洵有裨于世教之書也。漢得此書，每以占夢，悉有應驗。

●俗傳猫爲虎舅，言虎事事肖猫。梁紹壬《秋雨庵筆記》

漢按：虎凡肖猫，獨耳小頸粗不同。然宋何尊師嘗謂猫似虎，獨耳大眼黄不同。世俗又稱猫爲『虎師』。相傳笑話，謂虎羡猫靈捷，願師事之。未幾，件件肖焉，而獨不能上樹，與夫轉頸視物，虎乃以是咎猫，猫曰：『爾工噬同類，我能無畏？留斯二者，正爲自全地耳！若盡以傳爾，他日其能免于爾口哉？』

●猫肉治蠱毒，涎治瘰癧，胎治反胃。又牙同人牙、猪犬牙，煅研，蜜水服，治痘瘡倒黶。《本草綱目》

漢按：《本草》：『猫肉不佳，不入食品，故用之者稀。或謂猫肉食之發癇，縮膀胱，婦人窒經，小兒敗痘，又聞小兒常食鼠肉，可以稀痘，則猫肉敗痘可知。』《本草》又云：『正月勿食猫肉，能傷人。』此與《禮·内則》『食狸去正脊，爲不利人』其義相合，益見食猫肉之有損也。

黄香鐵待詔云：余鄉人多喜食猫肉，謂可療治痔疾。

陶文伯云：猫肉食者甚少，惟鐵匠喜食之，以其性寒，可泄積熱。

張暄亭參軍德和云：羅定州人皆喜食猫肉，與嘉應州人喜食犬肉同，豈其别有滋味耶？

●黑猫頭骨燒灰，治心下鼈瘕及痰喘，走馬牙疳。《壽域方》

●黑猫頭骨灰，治對口毒瘡。《便民食療方》

●妖魅猫鬼爲祟，病人不肯言，以鹿角屑搗末，水服方寸匕，即言實也。《本草綱目》

●《華陀治尸注》有狸骨散，又猫肝治瘧，及勞瘵殺蟲。同上

●人病歌哭不自由，臘月死猫頭燒灰，水服自愈。《千金方》

●人被鼠咬傷，猫毛燒存性，入麝香少許，香油調敷。《景岳全書》

漢按：此方，趙氏係用猫頭骨煅灰。又云：『猫毛燒灰膏和，治鬼舐頭瘡。』

●蜒蚰入耳，猫尿滴治之。以薑蒜擦猫牙臭，則尿自出。又猫屎治蠍螫。又和桃仁，治小兒瘧疾。《本草綱目》

●猫照鏡，慧者能認形發聲，劣猫則否。《丁蘭石尺牘》

●久晴，猫忽非時飲水，主天將雨。甌諺

●猫能飲酒，故李純甫有《猫飲酒》詩。《古今詩話》

漢按：猫飲酒，余嘗試之，果爾。但不可驟飲以杯，須蘸抹其嘴，猫舔有滋

味，則不驚逸。然十餘巡後，輒覺醺醺如也。今之猫，又能食烟。陳寅東巡尹曰：『有張小涓者，爲浙中縣尉，嘗僑寓温州，有猫數頭，慣登烟榻，小涓常含烟噴之，猫皆能以鼻迎嗅。久之，形狀如醉。每見開燈輒來，斂具則去，于是人皆謂張小涓猫亦有烟念，聞者莫不粲然。』然則猫于烟酒乃有兼嗜焉，亦可笑也。

●馬鞭堅韌，以擊猫，則隨手折裂。《范蜀公記事》

●猫死，不埋于土，懸于樹上。《埤雅》

●猫死，瘞于園，可以引竹。李元《蠕範》

●獨孤陀外祖母高氏，事猫鬼，以子日之夜祭之。子，鼠也。猫鬼每殺人取財物，潛歸祀者家。鬼將降，其人則面正青，若被牽拽然。陀後敗，免死。《北史》

●隋大業之季，猫鬼事起，家養老猫爲厭魅，頗有神靈。遞相誣告，郡邑被誅者數千餘家，蜀王秀皆坐之。《朝野僉載》

●燕真人丹成，雞犬俱昇仙，獨猫不去。人嘗見之，就洞呼仙哥，則聞有應者。《山川記異》

嘉興蔣稻香先生田有黄蠟石，酷肖猫形。家香鐵待詔題之爲『洞仙哥』，洵屬雅切。

●司徒馬燧家猫生子，同日，其一母死，有二子，其一母走而若救，爲銜置其棲，并乳之。韓昌黎《猫相乳説》

●左軍使嚴遵美，閹宦中仁人也。嘗一日發狂，手足舞蹈。旁有一猫一犬，猫忽謂犬曰：『軍容改常矣，癲發也。』犬曰：『莫管他。』俄而舞定，自驚自笑，且異猫犬之言。遇昭宗播遷，乃求致仕。《北夢瑣言》

●蜀王嬖臣唐道襲家所畜猫，會大雨，戲水檐下，稍稍而長，俄而前足及檐，忽雷電大至，化爲龍而去。《稽神録》

●成自虚，雪夜于東陽驛寺遇苗介立，吟詩曰：『爲慚食肉主恩深，日晏蟠蜿卧錦衾。且學智人知白黑，那將好爵動吾心。』次日視之，乃一大駁猫也。《淵鑒類函》

漢按：唐進士王洙《東陽夜怪録》云：『彭城秀才成自虚，字致本，元和九年十一月九日到渭陽縣。是夜風雪，投宿僧寺，與僧及數人因雪談詩。病僧智高，爲病橐駝也；前河陰轉運巡官左驍衛胄曹長，名盧倚馬者，爲驢也；又有敬去文者，爲狗也；有名鋭金姓奚者，爲雞也；有桃林客，輕車將軍朱中正者，爲牛也；胃藏瓠，即刺蝟也。』又議苗介立云：『蠢兹爲人，甚有爪距，頗聞潔廉，善主倉庫，惟其蜡姑之醜，難以掩于物論。』苗介立曰：『予門伯比之胄下，得姓于楚，自皇茹分族，則祀典配享，著于《禮經》者也。』

●蘇子由曾試黄白之法，既舉火，見一大猫據爐而溺，叱之不見，丹終不成。《説鈴》

漢按：許遨有幻術，爲人燒丹，每至四十九日將成，必有犬逐猫，觸其爐破，見宋張君房《乘異記》。余謂兩丹之壞，各有所由，惟同出于猫，亦異矣。

●杭州城東真如寺，弘治間有僧曰景福，畜一猫，日久馴熟，每出誦經，則以鎖匙付之于猫。回時，擊門呼其猫，猫輒含匙出洞；若他人擊門無聲，或聲非其僧，猫終不應之。此亦足異也。《七修類稿》

●金華猫，畜之三年後，每于中宵蹲踞屋上，伸口對月，吸其精華，久而成怪。每出魅人，逢婦則變美男，逢男則變美女。每至人家，先溺于水中，人飲之，則莫見其形。凡遇怪來宿夜，以青衣覆被上，遲明視之，若有毛，則潛約獵徒，牽數犬至家捕猫，炙其肉以食病者，自愈。若男病而獲雄，女病而獲雌，則不治矣。府庠張廣文有女，年十八，爲怪所侵，髮盡落，後捕雄猫治之，疾始瘳。《堅瓠集》

●靖江張氏泥溝中，時有黑氣如蛇上衝，天地晦冥，有緑眼人乘黑淫其婢，因廣訪符術道士治之，不驗。乃走求張天師，旋見黑雲四起，道士喜曰：『此妖已爲雷誅矣！』張歸家視之，屋角震死一猫，大如驢。《子不語》

●郭太安人家畜一猫，甚靈，婢見必撻之，猫畏婢殆甚。一日有饋梨，屬婢收藏，既而數之，少六枚，主人疑婢偷食，鞭笞之。俄從竈下灰倉中覓得，剛六枚，各有猫爪痕。知爲猫所偷，報婢之怨。婢忿，欲置猫死地，郭太安人曰：『猫既曉報怨，自有靈異，苟置之死，冤必增劇，恐復爲祟。』婢乃恍然，自是輒不再撻猫，而猫亦不復畏婢矣。《閱微草堂筆記》

●某公子爲筆帖式，愛猫，常畜十餘隻。一日，夫人呼婢不應，忽窗外有代喚者，聲甚異，公子出視，寂無人，惟一狸奴踞窗上，回視公子，有笑容。駭告衆人同視，戲問：『適間喚人者其汝耶？』猫曰：『然。』衆乃大嘩，以爲不祥，謀棄之。《夜譚隨録》

●永野亭黄門，言一親戚家，猫忽有作人言者，大駭，縛而撻之，求其故，猫曰：『無有不能言者，但犯忌，故不敢耳。若牝猫，則未有能言者。』因再縛牡猫，撻之，果亦作人言求免。其家始信而縱之。同上

●護軍參軍舒某，善謳歌。一日，户外忽有賡歌，清妙合拍。潛出窺伺，則猫也。舒驚呼其友同觀，并投以石，其猫一躍而逝。同上

漢按：猫作人言，初見于嚴遵美一節，筆帖式猫代爲喚人，無甚不祥。若永黄門所述，牡猫皆能言，牝猫則否，此則爲異耳。然不當言者而爲言，則其被撻被棄也亦宜。此與《太平廣記》所載猫言『莫如此，莫如此』，大抵皆寓言爾。

至于猫學謳歌，則不啻虱知讀賦，誠爲別開生面。

蔣稻香田云：陽春縣修衙署，剛築牆。一日，其匠未飯，有猫來，竊食其飯并羹。匠人憤極，旋捉得此猫，活築牆腹以死。工竣，後衙内人皆不安，下人小口率多病亡。因就巫家占之，云：「此猫鬼爲祟，在某方牆内。」于是拆牆，果得死猫，遵用巫者言，瘞以香錠，遠葬荒野，自是一署泰然。此道光十六年事，余時在幕，親見之。

又云：湖南有猫山，相傳昔有猫成精，族類甚繁，其子孫皆若知事。凡猫死，悉自葬此山，其塚纍纍然，不可計數。山出竹，名猫竹，甚豐美；其無猫葬處，則無之。猫竹之名本此，作「毛」「茅」皆非。

漢按：瘞死猫于竹地，竹自盛生，并能遠引竹至。據此，則《本草》載之不誣也。《洴澼百金方》有「猫竹軍器」，亦不作「毛」。

余藍卿云：嘉慶十六年，河南白蓮教匪林清煽亂，烽烟綿亘數省。是時，中州人家有猫生狗、雞窩出猫之異。

孫赤文云：道光丙午夏秋間，浙中杭紹寧台一帶，傳有鬼祟，稱爲「三脚猫」者，每傍晚有腥風一陣，輒覺有物入人家室以魅人，舉國皇然。于是各家懸鑼鉦于室，每伺風至，奮力鳴擊，鬼物畏鑼聲，輒遁去。如是者數月始絶，是亦物妖也。

會稽陶蓉軒先生汝鎮云：猫爲靈潔之獸，與牛驢猪犬迥異，故爲貴賤所同珍。且古來奸邪之人，其轉世墮落爲牛爲馬爲犬爲猪，如白起、曹瞞、李林甫、秦檜之輩，不一而足，未聞有轉生而爲猫者，可見仙洞靈物，不與凡畜儕矣。

劉月農巡尹蔭棠云：番禺縣屬之沙灣茭塘界上，有老鼠山，其地向爲盜藪。前督李制府瑚患之，于山頂鑄大鐵猫以鎮之。猫則張口撑爪，形制高巨。予曾緝捕至此，親登以觀，而遊人往往以食物巾扇等投入猫口，謂果其腹。不知何故。

胡笛灣知鹾云：天津船廠有鐵猫將軍，傳係前朝所遺戰船上鐵猫。廠中廢猫甚多，此獨高大。因年久爲祟，故有奉敕封號，每年例由天津道躬詣祭祀一次，至今猶奉行不替。

余藍卿云：金陵城北鐵猫場有鐵猫，長四尺許，横卧水泊中，古色斑斕，不知何代物，相傳撫弄之則得子。中秋夕，士女如雲，咸集于此。

●虎咲人，于前半月則起于上身，下半月則起于下身，與猫咬鼠同也。《七修類稿》

●僧道宏，每往人家畫猫，則無鼠。鄧椿《畫繼》

●狸處堂則衆鼠散。《吕氏春秋》

漢按：此狸即指猫也，與《韓非子》等書所載同。

●平陽靈鷲寺僧妙智，畜一猫，每遇講經，輒于座下伏聽。一日猫死，僧爲瘞之，忽生蓮花。衆發之，花自猫口中出。《甌江逸志》

●崇禎十四年，楚府猫犬流泪，有哭泣聲。是時潢池禍熾，楚府被害尤烈，此其咎徵也。《綏寇紀略》

●崇禎十五年，山東婦人生一物，雙猫首，首有角，角之顛有目，身如人，手垂過膝。巡撫陳以聞于朝。同上

●六畜有馬而無猫，然馬乃北方獸，南中安得家蓄而户養之？退馬而進猫，方爲不偏。毛西河曾有此説，後之碩儒，苟能立議告改《禮經》，自是不刊之典。淳安周上治《青苔園外集》

漢按：昔年楊蔚亭廣文與太平戚鶴泉進士嘗論及此，謂馬爲北産，力任耕戰，故列六畜之首；論功用之宏，馬爲宜；論功用之溥，猫爲正。《禮經》纂自北人，蓋初不理會馬之産惟北，而猫之産遍寰宇也。此説甚平允。蔚亭名炳，平陽人。

張暄亭參軍德和云：『猫與蛇交，則産狸猫，故斑文如蛇也。』謂此説于權黄岡同守時，得之民間。噫！亶其然乎？然交非其類，禽獸往往有之，姑存其説，俟質博雅。漢自記

姑蘇陳爰琴本恭云：虎骨辟獸，猫皮辟鼠，獺皮辟魚，鷹羽辟鳥，以其本性尚存也。然必原體方驗，若骨煮、皮毳、羽熏，則不然。

漢按：一西客云，皮草中一種細毛，黑潤可愛，名爲猫毳，似紫猫而實非

也。此『髦』字見《周禮·考工記》鮑人注。考《釋文》：『髦，人兖反。』《通俗編》云：『治皮曰髦。』又見《六書正譌》：『髦皮，俗作「㲯」字，非。』

桐城劉少塗繼云：道光丙午春，余家所蓄老麻猫，生一子，白色，長毛毵毵，形如獅子。友人方存之云：『此異種也，不可易得。』養之年餘，日夕在旁，鼠耗寂然。一日，天未明，猫忽至余床上，大吼數聲而去，已而死焉。庸猫得奇子，靈異如此而不壽，惜哉！

董霞樵上舍斿云：川中一種㟨苗，祀祖用苗曲，侏離不可解，謂其音曼衍，則神享而族盛。相傳獠、獞、猺猫，皆百粵遺種，散處于滇、黔、楚、蜀及兩粵之間，猫後改爲苗。霞樵，泰順人，嘗爲川督蔣礪堂幕客。

漢按：徽州班戲曲，有《猫兒歌》，亦稱《數猫歌》，蓋急口令之類。猫之嘴、尾數雖只一，而其耳與腿則二四遞加，數至六七猫，口齒迫沓，鮮有不亂，蓋急則難于計算耳。倪翁豫甫楙桐云：『京師伎人，有名八角鼓者，唇舌輕快，尤善于此歌。雖數至十餘猫，而愈急愈清朗，是精乎其伎者也。』猫歌大略如：『一隻猫兒一張嘴，兩個耳朵一條尾，四條腿子往前奔，奔到前村；兩隻猫兒兩張嘴，四個耳朵兩條尾，八條腿子往前奔，奔到前村。』下皆仿此，惟耳腿之數，以次遞加爾。

倪豫甫又云：河東孝子王燧家，猫犬互乳其子，言之州縣，遂蒙旌表。訊之，乃是猫犬同時産子，取其子互置窠之，飲其乳慣，遂以爲常。此見《智囊補》，列于僞孝條。想當時必以孝感蒙旌，然則物類靈異處，亦有可僞托者，一笑。豫甫，浙之蕭山人。

劉月農云：前朝太后之猫，能解念經，因得『佛奴』之號。余謂猫睡聲喃喃，似念經，非真解念經也。然而因此受太后聖寵，而得『佛奴』之懿號，庸非猫之異數也歟？漢記

謝小東學安云：俗稱『猫認屋，犬認人』。屋瓦鱗比，雖隔數百家，猫能覓路而歸，然不能識主人于里門之外。犬之隨人，乃可以千百里也，何物性不同如此？小東，蕭山人。

蕭山沈心泉原洪云：猫爲世所必需，而到處船家皆蓄犬而少蓄猫，何歟？

豈以其慣于陸，不慣于水耶？是必有由。

漢按：猫爲火獸，甚不宜于水；犬爲土獸，見水不畏，而亦能博鼠，故船家多蓄犬而少蓄猫。

又按：周藕農《雜説》云：『猫忌鹹，而東海之猫飲不離鹽；猫畏寒，而西藏之猫卧不離冰，由其習慣成自然。今猫見波濤而驚，誠慣于陸，不慣于水也。』

倪豫甫云：湖南益陽縣多鼠，而不蓄猫，咸謂署中有鼠王，不輕出，出則不利于官。故非特不蓄猫，且日給官糧飼之。道光癸卯，雲南進士王君森林令斯邑，邀余偕往。余居之院甚宏敞，草木蓊翳，每至午後，鼠自牆隙中出，或戲或鬥，不可勝計。習見之，而不以爲怪也。一日，有大猫由屋檐下，伺而捕其巨者，相持許久，鼠力屈而斃。自此猫利其有獲而日至焉，乃積旬日而鼠無一出者，後竟寂然。噫！猫性雖靈，其奈鼠之黠何？然余在署三年，衣物從未被嚙，鼠或知豢養之恩，不敢毀傷，且人無機械，物亦安之爾。

漢按：有此一懲，積害以除，不可謂非猫之功也。但不知鼠耗寂然之後，其日給官糧可以免否？諺云：『羅穀供老鼠，買静求安。』是亦時世之一變，可嘆也夫。

鎮平黄仲方文學瓚元云：『呼喌喌，則雞來，見《説文》。呼盧盧，則狗來，見《演繁露》。此聲氣應求也。猫則呼苗苗即來，作汁汁亦來。』白珽《湛淵静語》：『所謂唇音汁汁，可以致猫，聲類鼠也。此乃物類相感也，説見翟灝《通俗編》。』

仲方又云：俗稱猫爲虎舅，教虎百爲，惟不教之上樹，此見《陸劍南詩集》自注。梁紹壬《秋雨盦隨筆》引之，不載出處，蓋未之考耳。漢按：《秋雨盦》此節，已采入兹篇，今家仲方爲指明出處，以見此等俗語其來已久，益信而有徵也。

仲方又云：《遊覽志餘》載杭俗言人舉止倉皇爲『鼠張猫勢』，以鼠見猫即竄逸，猫勢于是益張耳。此語可對『狐假虎威』。

胡笛灣字平叔秉鈞，博學而工韻語，有《咏猫》詩云：『名本從苗得，功推用世深。疑狐休貌相，防鼠恤儒心。晝静埋頭睡，宵寒擁鼻吟。驗時晴一綫，中有定盤針。』又：『蜡典崇官禮，程材隘相經。皮毛憑駁雜，眼界總晶熒。忌刻原根性，純陰此化形。莫徒欺鼠輩，相食等膻腥。』皆名隽可喜，次篇語含譏貶，豈有激而云然耶？平叔，山陰人，以知縣需次粤之潮州。漢記

咏物詩貴有寓意，否則亦須韻致。陶文伯炳文《猫》詩云：『爲護山房幾架書，殷勤花下飼狸奴。春深看取尋陰地，欲寫消寒八九圖。』『天生風采虎紋斑，洞裏丹曾煉九還。莫訝不隨雞犬去，要留仙骨住人間。』『閭閻鼠耗漸消亡，運用靈威妙有方。鍛獄終歸無濟處，當年應已笑張湯。』意新語創，韻致自佳。乃弟潔甫士廉亦有一絶云：『春風一軸牡丹圖，誰把精神繪雪姑。爲問穴中諸鼠輩，年來曾已化鴽無。』蘊藉風流，一結猶有意味。漢記

●猫，一捕鼠小獸，何書之開載治療甚多，但猫善搜穴捕鼠，故凡病屬鼠類，有在幽僻鬼怪之處，而藥所難入者，無不藉此以爲主治。黄宮綉《本草求真》

●張璐謂猫性禀陰賊，機竊地支，故其目夜視精明，而隨時收放，善跳躍而

嗜腥生。同上

漢按：『機竊地支』四字不可解，恐係譌誤，求無善本質正，姑録以俟考。

●寅木猫良鼠耗無。原注：如初爻臨寅木，吉神主其家，有好猫，能捕鼠。

《卜筮正宗·新增家宅篇》

漢按：一説虎與猫俱屬寅肖，據此似可憑信。

●相傳人家生子，初落地開聲時，有猫喊其側，主其子靈警非凡；僅止有猫在側而不喊，主其子貌陋却有威。按，靈警之説尚近理，貌陋之義殊所未解。

戚鶴泉進士《回頭想續編》

漢按：朱聯芝《咏醜子》云：『相逢常欲叨憎厭，莫是初生誤肖猫。』甌人生子，常有『小勿象猫，大勿象狗』之諺，蓋猫小多醜、狗大多劣故爾。其《回頭想》所引，或本此歟？

●家猫失養，則成野猫。野猫不死，久而能成精怪。先大父醇庵公述

丁雨生云：惠潮道署多野猫，夜深輒出，雙目有光熠熠，望之如螢火，蓋係

失主之猫吸月飲露，久漸成精，故上下牆屋，矯捷如飛。夏月海鷺來時，能上樹捕食。園中所蓄孔雀，曾被嚙斃，自此野猫輒不復來。或謂孔雀血最毒，猫殆飲此，或致戕生。噫！擇肥而噬，竟以自斃，愚哉！

鄞縣周緩齋厚躬云：猫能拜月成妖，故俗云猫喜月。但鄞人養猫，一見拜月即殺之，恐其成妖魔人。其魔人無殊狐精，蓋雄者能化男，雌者能化女。

又云：雄猫化男，亦能魔男；雌猫化女，亦能魔女。蓋不在于交合，而在于吸精。犯之者通名邪病，十有九死。鄞人有孀婦，一日，忽然自言自笑，柔媚異常，已而形神肌肉頓時消削。詰之，則云遇猫妖吸陰，一時神志昏迷，精氣被吸，遂覺疲，殆有不可支。

漢按：狐妖吸精，用桐油遍塗其陰，狐來用舌舔吸，無不大嘔而去，遂不再來，惟宜秘密方驗，見龔氏《壽世保元》。余謂用此以治猫妖，其效必同。

丁雨生云：『安南有猫將軍廟，其神猫首人身，甚著靈異。中國人往者，必祈禱，决休咎。』或云：『「猫」即「毛」字之訛。前明毛尚書曾平安南，故有此廟。』果爾，是又伍紫髯、杜十姨之故轍矣，可博一噱。揭陽陳升三登榜述

●人被猫咬傷，薄荷葉爲末塗之，愈。又方，用虎骨、虎毛，燒末塗之。許浚《東醫寶鑒》

大埔賴智堂雲章云：猫咬傷，重者不治，亦能死。道光癸卯，海陽令史公家人李姓羅姓，初住寓中，因捉鄰猫，兩人手指俱被猫咬傷。初視爲平常，乃越二十餘日，而李姓者忽發寒熱，臂腕旁起一小核，焮痛異常。雖知猫毒，但無人識治，數日不省人事，聲如猫叫而殂。其羅姓者，過四十餘日，臂腕亦起一小核，漸見氣喘，不思飲食，越五六日亦斃。甲辰年，潮嘉道署家人鄭三被猫咬傷中指，過二十餘日毒發，臂腕亦起核，按之疼痛，以目睹李、羅之禍，不勝惶懼，訪余醫治。因思猫之傷人致死，古今醫書鮮載治法，當自出臆見，酌製二方治之，逾月遂愈。其方用既有效，不敢自私，請附刊傳，公諸同好。原用水藥方十二味，名『普救敗毒湯』：

防風、白芷、郁金製、木鱉子去油、穿山甲炒、川山豆根，以上各一錢；淨銀

花、山慈菰、生乳香、川貝、杏仁去皮尖，以上各一錢五分；蘇薄荷三分，水煎，半飢服，口渴加花粉一錢。

原用丸藥方八味，名『護心丸』：

真琥珀、緑豆粉各八分，黄蠟、製乳香各一錢，水飛砞砂、上雄黄精、生白礬各六分，生甘草五分。

先用好蜂蜜三錢，同黄蠟煮溶，將餘藥七味共研細末入之，攪勻取起，丸如緑豆大，另用砞砂爲衣。每服一錢五分，用滚水送下。每日夜先服湯藥，後服丸藥，各一二次。忌五辛魚肉煎炒及發物。外用好薄荷油少許，由上臂塗至下臂，至傷處止。其傷口不可塗，留出毒氣，仍戒惱怒、房勞。

漢按：賴智堂精于岐黄，有手到病除之妙。觀其所製右二方，極有精思，宜乎用有效驗。且家猫馴熟，鮮有咬人，其因傷致死，則更鮮聞，非如猘犬比，故皆視爲尋常，而古今醫書因亦無載治療。豈知天下之大，無事不有，李、羅二姓人之禍，殆其顯著者焉？今智堂願傳其方，亟爲刊人，俾廣見聞，蓋亦不無小補也。

●申甫，雲南人，任俠，有口辨。爲童子時，嘗縶鼠嬰于途，有道人過之，教甫爲戲。遂命拾道旁瓦石，四布于地，投鼠其中，奔突不能出。已而誘猫至，猫欲取鼠，亦訖不能入。猫鼠相拒者良久。道人乃耳語甫曰：『此所謂八陣圖也，童子亦欲學之乎？』節録《申甫傳》。《汪堯峰文鈔》

漢按：申甫，即明季劉公綸、金公正希所薦以剿寇而敗亡者。又按：俗有取粗綫織成圓網，用以罩鼠，四方上下，面面皆圈，鼠入其中，冲突觸縶，終不能出，名爲『八陣圈』，亦名『天羅地網』。

嘉應黄薰仁孝廉仲安云：州民張七，精于相猫。嘗蓄雌猫數頭，每生小猫，人争買之，皆不惜錢，知其種佳也。恒言黑猫須青眼，黄猫須赤眼，花白猫須白眼。若眼底老裂有冰紋者，威嚴必重，蓋其神定耳。又言猫重頸骨，若寬至三指者，捕鼠不倦，而且長壽。其眼有青光，爪有腥氣，尤爲良獸。

薰仁又云：張七嘗携一雛猫來售，索價頗昂，云此非凡種，乃蛇交而生者，因詳述其目擊蛇交之由，并指猫身花紋與常猫亦微有別，驗之不誣。

漢按：據此説，則張暄亭參軍所云猫與蛇交一節，似可信也。

薰仁又云：年前余得一猫金銀眼者，花紋雜出，貌雖惡而性馴，善于捕鼠，進門未幾，鼠遂絶迹，因呼之曰『斑奴』。惜養未半年，遽死焉，蓋因久縛故耳。佳猫多懼其逸，與其縛而損其筋骨，何如用大籠籠之耶？

嘉應鍾子貞茂才云：州人有梁某，嘗得一猫，頭大于身，狀甚奇怪，眼有光芒，與凡猫迥異。初莫辨其優劣，厥後不惟善捕鼠，而主家亦漸小康，珍愛而勿與人。有過客見之，餌以重價，始售之。梁因問猫之所以佳處，客曰：『此猫自入門後，君家必事事如意，蓋此猫舌心有筆紋故耳。其紋向外者主貴，向內者主富，今予得此，可無憂貧。』啟口驗之，果然，梁悔之不及。

漢按：筆紋猫實所罕聞，且能富貴人，真獸中之寶也，惜乎不可多得。

猫性不等，有雄桀不馴者，有和柔善媚者，有散逸喜走者，有依守不離者。大抵雄猫未閹，及大猫初至，難于籠絡，故蓄猫必以小、必以雌也。妙果寺僧悟一，嘗謂猫之喃喃依戀不離蓮座者，爲兜率猫，又爲歸佛猫。漢記

甌中謂人性暴戾曰『猫性』，視輕性命曰『猫命』，故常有『這猫性不好』及『這條猫命』之諺也。漢記

山陰童二樹善畫墨猫，凡畫于端午午時者，皆可辟鼠，然不輕畫也。余友張韻泉凱家藏有一幅，嘗謂懸此，鼠耗果靖。漢記

張韻泉云：人得猫相，主六品貴。見相書。

又云：猫眼極澄澈，故水之澄澈者，謂之猫眼泉。堪輿家言凡墳墓之前有此注泉蔭，主清貴。韻泉，山陰人。

長沙姜午橋兆熊云：道光乙酉，瀏陽馬家冲一貧家，猫産四子，一焦其足，獨月喪其三，而焦足者獨存，形色俱劣，亦不捕鼠，常登屋捕瓦雀咬之。時或縮頸池邊，與蛙蝶相戲弄。主家嫌其癡懶，一日携至縣，適典庫某見之，駭曰：『此焦脚虎也！』試升之屋檐，三足俱申，惟焦足抓定，久不動旋。擲諸牆間亦如之。市以錢二十緡，其人喜甚。先是典庫固多猫，亦多鼠，自此群猫皆廢，十餘年不

聞鼠聲。人服其相猫，似得諸牝牡驪黄外矣。此故友李海門爲余言之。海門，瀏邑庠生，名鼎三。

漢按：『焦脚虎』三字，新而且奇。

錢塘吴鴻江官懋云：余甥女姚蘭姑畜一猫，虎斑色，金銀眼，無尾，産雌猫一，黑質白章，亦無尾，今四年矣。行相隨，卧相依，時爲母猫舐毛咬虱；每飯，必蹲俟母食而後食。母猫偶怒以爪，則却受不敢前。或出不歸，則遍往呼尋。人或誤撻母猫，則聞聲奮赴，若將救然。甥女事母孝，咸以爲孝感云。

漢按：此與蔣丹林都憲之猫同爲孝感所致，可謂無獨有偶。鴻江，字小臺。

鴻江又云：姑蘇虎丘多耍貨鋪，有以紙匣一，塑泥猫于蓋，塑泥鼠于中，匣開則猫退鼠出，合則猫前鼠匿，若捕若避，各有機心。其人巧有如此者，兒童争購之，名『猫捉老鼠』。

姜午橋云：猫爲驚獸，可對勞蟲。蟻一名『勞蟲』。

漢按：昔余友姚雅扶先生淳植云：『鶴爲傲鳥，魚爲驚鱗。』又云：『猫靈

鴨懵，魚愕雞睨，蟻勞鳩拙，鷺忙蟹躁，蛙怒蝶癡，鵝慢犬恭，狐疑鴿信，驢乖蛛巧。』所述頗繁，因記憶所及，附識備覽。雅扶，慶元廩生，寄居温郡。

朱赤霞上舍城云：凡端午日，取楓癭，刻爲猫枕，可辟鼠，兼可辟邪惡。

漢按：王蘭皋有《猫枕》詩，今失傳。昔周藕農先生嘗云：『蘭皋令臺灣課士，以「猫枕」爲賦題，用猫典者，蓋寥寥然。』

丁仲文杰云：《猫苑》一出，則後之爲詩賦者，皆可取材于此矣。補助藝林，功非淺鮮。

卷下

名物

夫名也物也，有宇宙來則皆萌之于無，存之于有。雖萬類之雜出，萬事之叢生，蓋無物無名，無名無物，形影著于一旦，魂魄留于百世，資談噱而供楮墨，又非獨猫爲然也。茲篇則專爲猫資考證焉。輯《名物》。

●猫名「烏圓」《格古論》，又名「狸奴」《韻府》，又美其名曰「玉面狸」《本草集解》、曰「銜蟬」《表異録》，又優其名曰「鼠將」《清異録》，嬌其名曰「雪姑」《清異録》、曰「女奴」《采蘭雜志》，奇其名曰「白老」《稽神録》、曰「昆侖妲己」《表異録》。

漢按：以「烏圓」爲猫，相沿久矣。考王忘庵《題畫猫》詩「烏圓炯炯」，則似專指猫眼而云然也。

胡笛灣云：《清異録》載，武宗爲穎王時，邸園畜禽獸之可人者，以備十玩，繪《十玩圖》，鼠將猫。

●唐張摶好猫，皆價值數金。有七佳猫，皆有命名：一東守，二白鳳，三紫英，四怯憒，五錦帶，六雲團，七萬貫。《記事珠》

●猫乃小獸之猛者，初，中國無之，釋氏因鼠嚙佛經，唐三藏禪師從西方天竺國携歸，不受中國之氣。《爾雅翼》

漢按：此説《玉屑》載之，且謂猫乃西方遺種。夫開闢之初，禽獸即與萬類雜生，故《五經》早有「猫」字，何待後世釋氏取西域之遺種耶？此固謬談，不謂《爾雅翼》乃亦引用其説。

●養鳥不如養猫，養猫有四勝：護衣書有功，一；閑散置之，自便去來，不勞提把，二；喂飼僅魚一味，間須蛋、米、蟲、脯供應，三；冬床暖足，宜于老人，非比鳥遇嚴寒，則凍僵矣，四。第世俗嫌其竊食，多梃走之。然不養則已，養不失道，雖賞不竊。韓湘岩《與張度西書》

漢按：陸放翁詩「狸奴氈暖夜相親」，張無盡詩「更有冬裘共足温」，則「暖老」一説亦自有本。韓名錫胙，青田人，嘉慶間以進士通籍，官至觀察。

●納猫法，用斗或桶，盛以布袋，至家討箸一根，和猫盛桶中携回。路遇溝缺，須填石以過，使不過家，從吉方歸。取猫拜堂竈及犬畢，將箸横插于土堆上，令不在家撒屎，仍使上床睡，便不走往。《崇正闢謬通書》

漢按：甌人納猫，用草代箸，量猫尾同其長短，插草于糞堆上，祝之：『勿在家撒屎。』餘與《通書》大略相同。

●納猫日宜甲子、乙丑、丙午、丙辰、壬午、庚午、壬子、庚子，天月德、生炁日。忌飛廉、受死、驚走、歸忌等日。同上

漢按：凡大月初五、十七、廿九，小月初八、二十，爲驚走日，其飛廉諸煞，時憲書俱明載可稽，兹不復贅録。

●閹猫曰淨。《臞仙肘後經》

番禺丁仲文孝廉杰云：公猫必閹殺其雄氣，化剛爲柔，日見肥善。時俗又有半閹猫，只去内腎一邊，其雄氣未盡消亡，更覺剛柔得中。

漢按：《通書》載淨猫宜伏斷日，忌刀砧、血刃、飛廉、受死、血支等煞。凡閹猫須于屋外，猫負痛自奔回屋内，否則必外逸，從此視内室如畏途矣。閹時又須將猫頭納入捲簟之口，閹畢縱之，則從後口奔去，庶免被嚙傷手，亦法之良也。

●古人乞猫必用聘，黄山谷詩『買魚穿柳聘銜蟬』。甌俗聘猫，則用鹽醋，不知何所取義。然陸放翁詩『裹鹽迎得小狸奴』，其用鹽爲聘，由來舊矣。《丁蘭石尺牘》

黄香鐵待詔云：潮人聘猫，以糖一包。余從馮默齋教授乞猫，以茶二包爲聘。紹興人聘猫用苧麻，故今有『苧麻换猫』之諺。

余向陶翁蓉軒家聘猫，蓋用黄芝麻、大棗、豆芽諸物。漢自記

張孟仙刺史云：『吴音讀「鹽」爲「緣」，故婚嫁以鹽與頭髮爲贈，言有緣法。俗例相沿，雖士大夫亦復因之。今聘猫用鹽，蓋亦取有緣之意。』此説近理，録以存證。又云：『猫既用聘，亦可言嫁。』因憶年前余客江西，官常中，有以『嫁猫』二字爲題徵詩，林子晉明府嘗索余賦之。此本俗事，當用俗語湊拍一篇，

附録博粲：

天生物類知幾許，人家養猫如養女。出窩便費阿媪心，撫護長成期捕鼠。九坎長尾更獨胎，團雲飛雪毛色開。唔唔作威良足愛，相攸漸見有人來。一旦裹鹽聘娶逼，阿媪欲辭苦未得。抱持不捨割愛難，痛惜只争泪沾臆。柳圈銅鈴綿衣兜，先期細意裝點周。相送出門再三囑，善爲喂養毋多尤。聘人唯唯爲猫計，但願勤能事有濟。鼠耗消兮當策勛，眠毯食魚應罔替。南康郡博上官篠山豫原

評云：「題甚新雅，結有寓意，勿以俗事目之。」

●錢塘詩僧由庵，有至性，密雲和尚開法金粟，師往問父母未生前話，雲公以手掩面，擘開眼曰『猫』，師于是遂醒悟。《全浙詩話》

漢按：以手掩面，分指擘開口眼而喝曰『猫』，今甌俗尚有以此戲幼孩也。初不知是何命意，今據由庵此節，豈真有禪理寓之耶？由庵，國初人，著有《影庵集選》。

張孟仙曰：『楚人以手拳物誘小兒，開之則曰「貌」。』按：貌，獸也，性善遁，故曰貌，言其已遁去耳，密雲和尚之稱，其果猫歟？如屬空虛之義，則貌是也，説見《俗語解》。鎮平黄仲方云：貌獸善遁，孫吴時拘繆國曾以進獻。故吴俗以空拳戲小兒，曰：『貌。』見《談概》。

●閩浙山中種香菰者，多取猫狸，挖去雙眼，縱叫遍山，以警鼠耗。猫既瞎而得食，即無所他之，晝夜惟有瞎叫而已。王朝清《雨窗雜録》

漢按：此祛鼠之法雖善，未免惡毒，亦猫之不幸也。甌人以味不懂事而喜叫囂揮斥者，譏之爲『香菰山猫兒瞎叫』。

●猫不食蝦蟹，狗不食蛙。《識小録》

●猫食鱔則壯，食猪肝則肥，多食肉湯則壞腸。《夷門廣牘》

●猫食薄荷則醉。《埤雅》

胡笛灣知鹺云：猫以薄荷爲酒，故葉清逸《猫圖贊》云：『醉薄荷，撲蟬蛾，主人家，奈鼠何。』

●猫食黄魚則癩。《留青日札》

漢按：吳越多黄花魚，鮮不以其餘飼猫，未聞有生癩者。或謂此指黄顙魚，以其得渾泥之氣，猫食必病。今余文竹云：『寓中有佳猫，昨因食黄花魚，生癩而死。』是《日札》之説，又尚可信。有謂江浙黄花魚俱經冰過，不比粤魚氣味發揚而有毒也，是亦近理。文竹，名珽輝，浙江遂安茂才，時偕其所親毛厚甫明府寓于潮郡。

●猫捕雀蝶蛙蟬而食者，非狂則野，生疣及蛆。《物性纂異》

張孟仙云：猫食野物，則性戾而不馴；食鹽物，則毛脱而癩。

陶文伯云：猫喜捕雀，每伏處瓦坳，伺雀躍而前，即突起撲之，百不失一。又喜與烏鵲鬥。

丁仲文杰嘗分猫爲三等，并立美名。如純黄者，曰金絲虎，曰戛金鐘，曰大滴金；純白者，曰尺玉，曰宵飛練；純黑者，曰烏雲豹，曰嘯鐵；花斑者，曰吼彩霞，曰滚地錦，曰躍玳，曰草上霜，曰雪地金錢；其狸駁者，則有雪地麻、筭斑、黄粉、麻青諸名。

鄭荻疇烺，永嘉人，擬撰猫格，以官名别之。如小山君、鳴玉侯、錦帶君、鐵衣將軍、麴塵郎、金眼都尉。至于雪氅仙官、丹霞子、鼾燈佛、玉佛奴諸稱，則以仙佛名之，更饒韻致。

漢按：猫之别稱，在古有極雅者。相傳唐貫休有猫名梵虎，宋林靈素有猫名吼金鯨，金正希有猫名鐵號鐘，于敏中有猫名沖霧豹。或云吴世璠敗後，有三猫爲軍校所得，頸有懸牌，一曰錦衣娘，一曰銀睡姑，一曰嘯碧烟，皆佳種也。然余今昔交遊如陳鏡帆廣文，有猫曰天目猫；周藕農令河南時，有猫曰一錠墨；淳安周爽庭太學，有猫曰紫團花；泰順董晉庭廷詒，有猫名乾紅獅。是與遂安朱小阮之鴛鴦猫、蕭山沈心泉之寸寸金先後頡頏焉。

●猫犬病，烏藥一味，磨水灌之，即愈。《花鏡》

●小猫叫不絶聲，陳皮研末塗鼻端，即止。《古今秘苑》

●猫被人踏傷，蘇木煎湯灌之，可療。《花鏡》

●猫癩，用蜈蚣焙乾，研末與食，數次即愈。又法：桃葉搗爛，遍擦其毛，少頃洗去，又擦，自愈。治狗癩亦可。《行厨集》

●猫生虱，桃葉與楝樹根搗爛，熱湯泡洗，虱皆死。樟腦末擦之亦可。《行厨集》

●木猫，俗呼鼠弶。陳定宇有《木猫賦》。《通俗編》

漢按：陳賦云『惟木猫之爲器兮，非有取于象形。設機械以得鼠兮，借猫公而爲名』云云。

●竹猫。

黄香鐵待詔云：《武林舊事》載小經紀有竹猫兒，當是竹器，用以擒鼠者。又有猫窩、猫魚、賣猫兒、改猫犬。猫窩，當是猫所寢處者，今京師隆冬所着皮鞋，亦名猫兒窩。又崇禎初年，宮眷每綉獸頭于鞋上，呼爲猫頭鞋，識者謂：『猫，旄也，兵象也。』見《崇禎宮詞》。

●鐵猫，船椗也，『猫』或作『錨』。焦竑《俗書刊誤》

漢按：船椗，粵人呼爲鐵猛，蓋猛亦猫類也。

又按：另鐵猫三事，已類列上卷『靈異』門。

●金猫。

臨安尹鑄以償秦檜女獅猫，詳見後『故事』門。

●火猫。甌中田野人家，冬日悉摶土爲器，開口納火。其背穹，背上多挖小孔，以昇火氣，名曰火猫，男婦老少各以禦寒。王朝清《雨窗雜録》

●泥猫。

陳笠陔云：杭州人每于五月朔，半山看競渡，必向娘娘廟市泥猫而歸，不知何所取義。猫爲泥塑，塗以彩色，大小不等。

吴杏林云：養蠶人家多買以禳鼠。

●紙猫。

張湘生成晉云：《堅瓠集》有《紙猫》詩。

漢按：器物以猫命名者，又有猫枕。楊誠齋詩：『猫枕桃笙苦竹床。』

●禽之屬，有名猫頭鳥，即鴞也。鴞或作梟，一名鵩。《巴蜀異物志》

潮州有鳥，叫聲如猫，人呼爲猫頭鳥，與浙中所謂逐魂稱猫頭鳥者，其聲不

同，或謂此即鵰也。漢自記

●獸之屬，有名水猫，即獺也。李元《蠕範》

●蟲之屬，有名棗猫，生棗樹上，棗熟則食之。《本草綱目》

●蔬之屬，有猫頭笋。《黄山谷集》。又有『狸頭瓜』。郭義恭《廣志》

漢按：黄香鐵待詔詩『猫頭鴨脚堪留客』。

又按：笋，又名綿猫，見陸璣《詩疏》。

又按：蘇東坡《謝惠猫兒頭笋》詩云：『長沙一日煨鞭笋，鸚鵡洲前人未知。走送煩君助湯餅，猫頭突兀想穿籬。』

又按：贊寧《竹譜》云：『竹根有鼠大如猫，其色類竹，名竹豚。』

●蔬之屬，又有狸豆。《本草》。崔豹《古今注》：『狸豆，一名狸沙。』

●藥之屬，有斑猫。《本草》

●又狗骨，一名猫兒刺，以其象形也。同上

漢按：鳥之類，亦有稱斑猫者。《山海經》：北嚻之山有鳥，名鶖鶥，一名斑猫。又莎雞，黑身赤頭，似斑猫，亦見陸璣《詩疏》。

●草之屬，有名猫毛，出鎮平縣。

黄香鐵待詔《鄉園》詩：草茵拾猫毛。《讀白華草堂詩集》

●外夷有國，名合猫里，舶人語云：『若要富，須尋猫里務。』尤悔庵《外國竹枝詞》：『網巾礁上蕩漁舟，亦有山田十斛收。要富須尋猫里務，貧兒何用執鞭求。』《龍威秘書》

漢按：地名以猫稱者，呂宋國小島有名猫霧烟，此家黄香鐵待詔述。播州有猺人洞，名木猫，見《元史·郭昂傳》。欽州入安南路，有猫兒港，見《詞翰法程》。桂林府北門外有猫兒門，見《廣西通志》。杭州城內有猫兒橋，見《杭州府志》。廣東大埔縣有猫兒渡，見《潮州府志》。雁蕩山峰，有名望天猫。袁子才詩云：『仙鼠飛上天，此猫心不許。意欲往拴之，望天如作語。』

永嘉陳寅東巡尹杲曰：凡以猫命名者，固不一而足，山則有猫兒嶺、猫兒岩、猫兒洞，水則猫兒港、猫兒瀆。此等小地名，隨在皆有。至于雜物，則猫兒燈、猫兒窗、猫兒褲之外，爲小兒戲耍者，乃有泥塑猫、木雕猫、紙糊猫。而姑蘇印畫店，有《猫拖綉鞋圖》；而磁器店，又有猫形溺瓶也。臺灣諸羅，有猫羅、猫霧二山，見藍鹿洲《東征集》。

●道士李勝之，嘗畫《捕蝶猫兒圖》以譏世。陸放翁詩注

漢按：陸放翁詩：『魚餐雖薄真無愧，不向花間捕蝶忙。』

又按：《宣和畫譜》載：『李藹之，華陰人，善畫猫，今御府所藏有戲猫、雛猫及醉猫、小猫、虀猫等圖，凡十有八。』此李藹之，或即李勝之歟？而《宣和譜》又載：『何尊師，以畫猫專門，嘗謂猫似虎，獨耳大眼黄不同。』惜乎尊師不充之以爲虎，止工于猫，殆寓此以遊戲耶？又載：『滕昌祐，有《芙蓉猫兒圖》。』又：『王凝爲鸚鵡及獅猫等圖，不惟形象之似，亦兼取其富貴態度，蓋自是一格。』宋人又有《正午牡丹圖》，不知誰畫，見《埤雅》。禹之鼎有摹元《大長公主抱白猫圖》，今藏吴小亭秉權家。小亭云：『畫中公主長身，其猫純白如雪，惟眼赤色。』近世所傳，又有《猫蝶圖》，蓋取耄耋之意，用以祝嘏耳。曾衍東有《自題畫猫》云：『老夫亦有猫兒意，不敢人前叫一聲。』若有戒于言也。曾，山東人，令湖北，嘉慶間緣事流戍温州，工詩畫，自號七道士，又稱曾七如。

●明李孔修，字子長，順德人，畫猫絶工，公卿以箋素求之，輒不可得。嘗負樵薪錢，畫一猫與之，樵者怏怏，中途人争購之。已而樵者復以薪求畫，笑而不應。《廣東通志》

黄香鐵待詔云：何尊師善畫猫，所畫有寢者、有覺者、展膊者、戲聚者，皆造于妙。其毛色張舉，體態馴擾，尤可賞愛。

胡笛灣知鹾云：考《墨客揮犀》，歐陽公嘗得一古畫《牡丹叢》，其下有一猫，永叔未知其精妙。丞相正肅吴公一見曰：『此正午牡丹也。何以明之？其花枝哆而色燥，此日中時花也；猫眼黑睛如綫，此正午猫眼也。有帶露花，則房斂而色澤，猫眼早暮則睛圓，正午則如一綫耳。』此亦善求古人之意者也。

鄭荻疇烺云：昔有畫家高手，嘗畫一猫，横卧屋背上，形神逼肖，無不夸讚。一客見之云：『佳則佳矣，惜猶有可貶處。』以爲猫縱長不過尺餘，此猫横

卧瓦上，乃過六七行，是其病也。于是人服其精識。

張槐亭集云：古今來以猫命名，諒不乏人，然而群書鮮有載者。若以狸命名者，《左傳》則有季狸，亦見《群輔録》。魏道武小字佛狸，見《北史》。

陶文伯云：丹朱姓狸，見閻若璩《四書釋地》。

丁仲文云：逸詩有《狸首篇》，見《儀禮》。古歌有《狸首》，見《檀弓》。至《左傳》有狸製，蓋黄狸皮也。《周禮》有狸步，以量侯道者也。又狸席，婕妤上皇后賀儀有緑毛狸席，見《飛燕外傳》，此皆云『狸』而非云『猫』也。

陶潔甫士廉云：曲沃尉孫緬家奴稱野狸奴，見戴君宇《廣異記》。浙江慈溪縣道光初年冤獄，有民女名阿猫，見《刑部例案》。

●技術有名相聲者，作猫犬叫，其聲酷肖。若鸜鵒、秦吉了及百靈，亦皆能作猫犬聲，偶聞，卒莫之辨。仁和姜愚泉片識

漢按：相聲，俗作『像聲』，即所謂隔壁戲也。秦吉了，粤人呼爲遼哥。了，《赤雅》作『鷯』。

●清明日，甌人小兒及猫犬，皆戴以楊柳圈，此亦風俗之偏。朱聯芝《甌中紀俗詩注》

漢按：猫繫俗緣，故俗之牽率夫猫者甚多。如諺云，人幹事不乾淨者，稱爲『猫兒頭生活』，見《留青日札》。作事不全，則譏爲『三脚猫』。張明善曲『三脚猫』『渭水飛熊』，見《輟耕録》。家香鐵待詔云：『吾鄉開標場賭標者，每四字作一句，其十二字分作三句者，名曰「三脚猫」。』華潤庭云：『吴俗呼乞養子爲「野猫」，謂人矯詐爲「賴猫」，習拳勇者爲「三脚猫」。』

又按：『偷食猫兒改不得』，見《雜纂二續》。『哪個猫兒不吃腥』，見《元曲選》。『依樣畫猫兒』『寒猫不捉鼠』，并見《五燈會元》。『猫頭公事』『猫口裏挖食』『猫哭老鼠假慈悲』，俱見《談概》及莊岳《委談》。俗傳笑話，謂一日者，鼠見猫頸懸念珠，群以是已歸佛，必然慈悲，吾輩可以無恐。然而未可深信，先令小鼠過之，猫伏不動；次令中鼠過之，亦不動。大鼠信其無他，最後過之，猫忽突起，擒而斃之。群鼠于是抱頭竄去，曰：此假慈悲，此假慈悲。

又如《通俗編》所載：『猪來貧，狗來富，猫來開質庫。』又『狗來富，猫來貴，猪來主災悔』，至『朝喂猫，夜喂狗』，此又見于《月令廣義》。世俗又以捕役與偷兒混處稱爲『猫鼠同眠』，此四字見《唐書》。浙諺又有『猫哥狗弟』之謂，以猫常斥狗，而狗多辟易避去，故《韻本》有『兄猫』之文，此亦傅會之説。至于『猫兒念佛』『猫兒牽礱』，此則因其鼾聲而云然。甌俗又以訛索財物者，稱爲『猫兒頭』；以人小器，稱爲『猫兒相』；若少年勇往，則云『新出猫兒强如虎』。夫諺雖鄙俚，皆有義理，故古今傳誦不替。若《紅樓夢》所稱『鑽熱炕的㷈毛』『小凍猫子』，此則滿洲人之口腔也。

漢又按：猫不列于六畜，而猫犬連稱，殆亦不少。如『狗來富，猫來貴』『朝喂猫，夜喂狗』，以及『猫哥狗弟』之外，即甌俗清明猫犬戴柳圈，皆屬連類所及。又俗諺：『六月六，猫狗浴。』家香鐵《消夏》詩：『家家猫狗浴從窺。』又無名氏《碩鼠傳》云：『今是獲不犬不猫。』又《數九歌》：『六九五十四，猫狗尋陰地。』至于五代盧延讓《應舉》詩：『餓猫臨鼠穴，饞犬舐魚砧。』見賞主司，遂獲登第，人謂得猫犬之力，此則尤其顯焉者也。

華潤庭云：猫雖不列于六畜，然性馴良者，能解人意，所以得人愛護者，亦物性有以致之耳。

余好食魚，客有譏之云：『聞君紀載猫典，可知馮驩爲猫之後身乎？』問：『何以見之？』曰：『于其彈鋏見之。』余曰：『然，余固馮驩之後身也，其知焉否？』相與啞然。自記

故事

人物相因緣，則事端生焉。歷劫不磨，遂成掌故。猫之繫于人事亦多矣。語云前事不忘，君子取鑒于古；異聞足録，學者結繩于今。吾故用是孜孜焉。輯《故事》。

●孔子鼓琴，閔子聞之，以告曾子：『嚮也夫子之音清澈以和，今也更爲幽沈之聲，何感至斯乎？』入而問焉，孔子曰：『然，嚮見猫方捕鼠，欲其得之，故爲之音也。』《孔叢子》

●連山張大夫摶，好養猫，衆色備有，皆自製佳名。每視事退，至中門，數十頭曳尾延頸，盤接而入。常以緑紗爲帷，聚猫于内以爲戲，或謂摶是猫精。《南部新書》

●武后有猫，使習與鸚鵡并處。出示百官，傳觀未遍，猫飢，搏鸚鵡食之。后大慚。《唐書》

●武后殺王皇后及蕭良娣。蕭詈曰：『願武爲鼠，我爲猫，生生世世扼其喉！』后乃詔六宮毋畜猫。《舊唐書》

猫，别名天子妃，見《鶴林玉露》。蓋蕭妃被殺，臨死有『我願爲猫武爲鼠』之語，故有是稱。梁紹壬《秋雨盦筆記》

●盧樞爲建州刺史，嘗望月中庭，見七八白衣人曰：『今夕甚樂，但白老將至，奈何？』須臾，突入陰溝中，遂不見。後數日，罷郡歸家，有猫名白老，于堂西階地下，獲鼠七八頭。《稽神録》

●元和初，上都惡少李和子，常攘狗及猫食之。一日，遇紫衣吏二人追之，謂猫犬四百六十頭，論訴事。和子驚懼，邀入旗亭，以酒酬鬼，求爲方便。二鬼曰：『君辦錢四十萬，爲假三年命。』和子遽歸，貨衣具鑿楮，焚之，見二鬼挈其錢去。及三日，和子卒。鬼言三年，蓋人間三日也。段成式《支諾皋》

●薛季昶夢猫伏卧堂限上，頭向外，以問占者張猷，猷曰：『猫者，爪牙也。伏門限者，閫外之事。君必知軍馬之要。』果除桂州都督嶺南招討使。《朝野僉載》

●貞元時，范陽盧頊家錢塘有一婦人，不知何來，直詣其婢小金所，自言姓朱，時來去。一日天寒，小金爇火，婦人至，怒踏其火，即滅，并以手批小金。後數日，婦人至，抱一物如狸狀，尖嘴捲尾，紋斑如虎，謂小金曰：『何不食我猫兒？』復批之，云是野狸。唐張泌《尸媚傳》

●裴寬子諝，好詼諧，爲河南尹。有婦人投狀争猫兒，狀云：『若是兒猫，即是兒猫；若不是兒猫，即不是兒猫。』諝大笑，判云：『兒猫不識主，傍我捉老鼠。兩家不須争，將來與裴諝。』遂納其猫，兩家皆哂之。《開元傳信記》

●《稽神録》：建康有賣醋人某，畜一猫，甚俊健。辛亥歲六月，猫死，不忍棄，置之座側。數日，腐且臭，不得已，携棄秦淮河。既入水，猫活，某自下水救之，遂溺死。而猫登岸，走金烏鋪，吏獲之，縛置鋪中，出白官司，將以其猫爲證。既還，則已斷其索，嚙壁而去矣，竟不復見。《太平廣記》

●《聞奇録》：進士歸系，暑月，與一小孩兒于廳中寢，忽有一猫大叫，恐驚孩子，使僕以枕擊之，猫偶中枕而斃，孩子應時作猫聲，數日而殞。《太平廣記》

●平陵城中有一猫，常帶金鎖，有錢飛若蛺蝶，土人往往見之。《酉陽雜俎》

●龍朔元年，涪城鼠猫同處。鼠象竊盜，猫職捕嚙，反與同處，廢職容奸。《新唐書·五行志》。一本作「濬州」。

●隴右節度使朱泚，于軍士趙貴家，得猫鼠同乳，不相害，籠而獻之。宰相常衮率群臣賀，崔祐甫曰：『可弔不可賀。』因獻《猫鼠議》。《唐書·代宗紀》

漢按：崔祐甫《猫鼠議》曰：『《禮記·郊特牲》篇曰：「迎猫，爲其食田鼠也。」猫之食鼠，載在《禮經》，以其除害利人，雖微必録。今此猫對鼠不食，仁則仁矣，無乃失其性乎？何異法吏不觸邪，疆吏不捍敵？以若稱慶，殆所未詳。恐須申命憲司，察聽貪吏，戒諸邊堠，毋失徼巡，猫能致功，鼠不爲害。』

●《聞奇録》：李昭嘏當應進士試之先，主司晝寢，見一卷在枕前，乃昭嘏名，令送還架上，復寢。有一大鼠銜嘏卷送枕前，如此再三。來春，嘏遂獲及第，因詢之，乃知其家三世不養猫，蓋鼠報也。《太平廣記》

●寶應中，有李氏子，家于洛陽，其世以不殺，故家未嘗畜猫，所以宥鼠之死也。迨其孫亦能世祖父意。嘗一日，李氏大集其親友，會食于堂。既坐，而門外有數百鼠俱人立，以前足相鼓，如甚喜狀。家人驚異，告于李氏，親友乃空其堂，縱觀之，人去盡，堂忽摧圮，其家無一傷者。堂既摧，鼠亦去。悲夫，鼠固微物也，尚能識恩而知報如此，而况人乎？《宣室志》

●永州有人以生年值子，鼠爲子神，因愛鼠不畜猫。倉廪庖厨，悉以恣鼠不問，由是室無完器，椸無完衣。《柳宗元文集》

●李義府柔而害命，人稱李猫。《唐書》

華潤庭云：李猫，《韻府》作「人猫」。

●李迥秀所居，犬乳鄰猫，中宗以爲孝感，旌其門。《白孔六帖》

●余在輦轂，見揭小榜曰：「虞大博宅失一猫，色白，名雪姑。」《清異録》

●江南李後主子岐王，方六歲，戲佛前，有大琉璃瓶爲猫所觸，剨然墜地，因驚得疾而死，詔徐鉉爲志。其弟鍇謂鉉曰：「此文雖不必引猫事，但故實頗記否？」鉉疏二十事，鍇曰：「適已憶七十餘事。」鉉曰：「楚金大能記憶。」明旦，又言夜來復得數事。邵思《野説》

●居士李巍，求道雪竇山中，畦蔬自供。有問巍曰：「日進何味？」答曰：「煉鶴一羹，醉猫三瓶。」《清異録》

●郭忠恕，逢人無貴賤，但口稱猫。蘇東坡《郭忠恕畫贊》

漢按：陸游詩：「偶爾作官羞問馬，頹然對客但稱猫。」汪鈍翁詩：「呼我不妨頻應馬，逢人何敢遽稱猫。」見葛翼甫《夢航雜説》。放翁又有「彩猫餻上菊初黄」之句。時亦呼猫如恕，見今宋芷灣詩。

王笠舫《衍梅》詩：「藤墩叉手懶稱猫。」見《緑雪堂詩集》。

●龔晃仲自言其祖紀與族人同應進士舉，其家衆妖競作，乃召女巫徐姥治之。有一猫卧爐側，家人指謂巫曰：「吾家百物皆爲異，不爲異者獨此猫耳！」于是猫亦人立，拱手而言曰：「不敢！」姥大驚。數日，二人捷音并至。《續墨客揮犀》

●蘇東坡奏疏云：「養猫以捕鼠，不以無鼠而養不捕之猫。」余謂不捕鼠猶可也，不捕鼠而捕雞則甚矣。疾視正人，必欲盡擊之，非捕雞乎？」《鶴林玉露》

●慶元中，鄱陽民家一猫，帶數十鼠，行止食息皆同，如母子相哺。《文獻通考》

●秦檜小女名童夫人，愛一獅猫，忽亡之，立限命臨安府訪求。凡獅猫悉捕至，而皆非也。乃賂人宅老卒，詢其狀，圖百本，于茶肆張之。後嬖人祈懇乃已。《老學庵筆記》

漢按：《西湖志餘》作秦檜女孫，封崇國夫人，其亡去獅猫後，府尹曹泳因嬖人以金猫賂懇，乃已。

●宋有盧仙姑者，指猫而問蔡京曰：『識此否？此章惇也。』意蓋諷京。《淵鑒類函》

●萬壽寺有彬師者，善謔。嘗對客，猫居其旁，彬曰：『雞有五德，此猫亦有之：見鼠不捕，仁也；鼠奪其食而讓之，義也；客至設饌則出，禮也；藏物雖密，能竊食之，智也；冬必入竈，信也。』客爲絶倒。《揮麈新譚》。按：《蔡元放批〈列國志〉》引用此節，以宋襄公之仁義全類斯猫。

●道州狗子無佛性也，勝猫兒十萬倍。《指月録》

●佛法工夫，舉起話頭時，要歷歷明明如猫捕鼠。猫捕鼠，睜開兩眼，四脚撑撑，只要拏得鼠，到口始得，縱有雞犬在旁，俱不暇顧。參禪亦復如是。若才有別念，非但鼠不能得，兼走却猫兒。《禪宗直指石氏傳家寶》

●宋紹興中，全椒寺僧養猫犬各一，甚靈。僕遇劫盜被殺，犬能隨嘷咬衣，卒使盜獲伏法。寺僧死，猫爲守屍數日，不爲鼠壞。《續太平廣記》

●大德十年，杭州路陳言有等，結交官府，遇公事，無問大小，悉投奔囑托關節，俗號『猫兒頭』。《元典章》

●景泰初，西番貢一猫，道經陝西莊浪驛，或問猫何異而上供，使臣請試之。乃以鐵籠罩猫，納于空室。明日起視，有數十鼠伏死籠外。云此猫所在，雖數里之外，鼠皆來伏死，蓋猫中之王也。《續已編》。并見《華夷考》。

漢按：葉觀海《蠡譚未刻編》：『乾隆五十八年，琉球國進貢，有篆黄猫一頭，云猫之所在，三十里外無鼠。』據此，則視景泰猫王，其神異處奚啻倍蓰？

張孟仙云：温郡顏姓有猫，神于祛鼠，凡鼠在屋上，猫一呼聲，則鼠輒落地。其家甚寶之，人乞不與，後竟被竊失去。

姚百徵云：近潘少城明府，由鎮平携至普寧一猫，所謂烏雲蓋雪者也。鼠行梁間，能于平地騰攫而得之，亦猫之矯捷罕睹者。

湘潭張博齋云：『戚家畜一猫，數年不見其捕一鼠，而鼠耗亦絶。一日，修葺住房，其猫所常伏卧之地板下，死鼠數百，然後知此猫之善于降鼠。』是即華潤庭所云『猫之捕鼠，能聚鼠爲上』也。

●前朝大内猫狗，皆有官名食俸，中貴養者，常呼猫爲老爺。宋牧仲《筠廊偶筆》

●明萬曆時，御前最重猫，其爲上所憐愛及后妃各宫所畜者，加至管事職銜。且其稱謂更奇：牝者曰某丫頭，牡者謂某小厮，若已騸者，則呼爲某老爹。至進而有名封，直謂之某管事，但隨内官數内，同領賞賜。此不過左貂輩，緣以溪壑，然得無似高齋之郡君、儀同耶？又猫性喜跳，宫中聖胤初誕未長成者，間遇其相遘而争，相誘而嗥，往往驚搐成疾，其乳母又不欲明言，多至不育。此皆内臣親道之者，似亦不妄。又嘗見内臣家所畜騸猫，其高大者，逾于尋常家犬。而犬又貴小種，其最小者如波斯金綫之屬，反小于猫數倍，每包裹置袖中，呼之即自出，能如人意，聲甚雄，般般如豹。《野獲編》

黄香鐵待詔云：明熹宗好猫，猫兒房所飼，十五成群。牡者人稱某小厮，牝者稱丫頭，或加職銜稱某老爺，比中官例關賞。見陳悰《天啟宫詞注》，其詩云：『紅罽無塵白晝長，丫頭日日侍君王。』『丫頭』即指此。

●昔檀默齋嘗謂袁淑册封驢爲廬山公，豕爲大蘭王。此二畜蠢穢不堪，何克當此？若猫犬有功于世，反無名號，殊爲闕典，因戲封猫爲清耗尉，犬爲宵警尉，甚有韻致。此張訒渡先生述于余者。王朝清《雨窗雜録》

漢按：猫犬之封，予嘗述之于王蔭齋明府，以爲猫可稱都尉，然猶不足以盡其長，因加以『書城防禦使，兼尚衣監、太倉中郎將，世襲萬户侯罔替』，尤爲允當。于是屬漢代擬誥文，韻人韻事，不可不記也。王蔭齋名曾樾，直隷名孝廉，道光丁未權江西長寧縣篆時，漢在其幕中。公餘閒話，戲談及此。明年蔭齋奉諱北旋，予亦南邁。今有《猫苑》之編，搜篋中，則代擬之誥稿尚存，附録于此，用以博粲：『承恩閥閱，誰爲出類之材？除害閭閻，本重非常之績。蓋剛亦不吐，厲而能温，既夕惕之弗忘，自日升之允叶。咨爾猫公，系分麟族，獨擅雄姿；技奏駒場，久推靈捷。聰耳目而無有或爽，明幹可嘉；棄皮毛而不食其餘，廉隅亦飭。矧夫陋彼倚門狂吠，備言猘犬之當烹，憎其奪路横傷，極謂貪狼之可殺。用是賢聲益著，可期耗類永清。是故爪牙寄任，虎威早樹于王家；博擊宜勢，鼠竊全消于民户。功而不伐，賞則宜優，可特封爲清耗都尉、書城防禦使，兼尚衣監、太倉中郎將，世襲萬户侯罔替。於戲！高而不危，飛騰常超彼梁棟；守而弗失，出入肯越乎藩籬？卓著貞恒，悉捐逸豫。書城永固，可長邀一字之褒；衣庫無傷，豈枉有三褫之辱。况已社清憑祟，不待議熏；倉足腐紅，奚虞肆劫。考績更書夫駕化，策勛靡忝于麟稱。允宜眠錫重氈，食增鮮膾，誕敷賫命，勉爾初心，毋蹈屯膏，膺兹異數。』

●臨安北内外西巷，有賣熟肉翁孫三，每出，必戒其妻曰：『照管猫兒，都城并無此種，莫令外人聞見。或被竊去，絶吾命矣。我老無子，此與吾子無異也。』日日申言不已，鄉里數聞其語，心竊異之，覓一見不可得。一日，忽拽索出，到門，妻急抱回。其猫乾紅色，尾足毛髮盡然，見者無不駭異。孫三歸，責妻漫藏，棰詈交至。已而浸淫于内侍之耳，即遣人啖以厚值，孫峻拒。内侍求之甚力，反覆數回，僅許一見。既見，益不忍釋，竟以錢三百千取去。孫流泪，復棰其妻，盡日嗟悵。内侍得猫喜極，欲調馴，然後進御。已而色漸淡，及半月，全成白猫。走訪孫氏，已徙居矣。蓋用染馬纓法，積日爲僞。前之告戒棰怒，悉奸計也。《智囊補》

●弘治元年，潮陽縣舉人蕭瓚家，牝犬乳猫，夜則同宿，一如其子。時瓚兄弟七人友愛，故有此徵，人以爲和氣所感。《潮州府志》

●萬曆間，宫中有鼠，大與猫等，爲害甚劇。遍求佳猫，輒被啖食。適異國貢獅猫，毛白如雪。抱投鼠屋，闔其扉，潛窺之。猫蹲良久，鼠逡巡自穴中出，見猫怒奔之。猫避登几上，鼠亦登，猫則躍下。如此往復，不啻百次，衆咸謂猫怯。既而鼠跳躑漸遲，蹲地少休。猫即疾下，爪掬頂毛，口嚙首領，輾轉争持間，

猫聲嗚嗚，鼠聲啾啾。啟扉急視，則鼠首已嚼碎矣。然後知猫之避非怯也，待其惰也。彼出則歸，彼歸則復，用此智耳。《聊齋志異》

●鹽城令張雲，在任養一猫，甚喜。及行取御史，帶之同行，至一察院，素多鬼魅，人不敢入，雲必進宿。夜二鼓，有白衣人向張求宿，被猫一口咬死，視之，乃一白鼠，怪遂絶。《堅瓠集》

●陸墓一民負官租，空室出避，家獨一猫，催租者持去，賣于閶門徽鋪，徽客頗愛玩之。已年餘，民過其地，人叢雜中，猫忽躍入其懷，爲鋪中見，奪之而去。猫輒悲鳴，顧視不已。民夜卧舟中，聞板上有聲，視之，猫也，口銜一綾帨，帨内有銀五兩餘。民貧甚，得銀大喜。明晨見有賣魚者，買魚飼之，飼不已，猫遂傷腹死，民哀而埋之。《堅瓠集》

陳笙陔云：杭州城内金某，素貧。其家所養猫，一日忽銜龍鳳釵一對來，明珠滿綴，價值千餘緡，以作本貿遷，家道日盛。十餘年間，竟成巨富。其老母愛惜此猫，無殊珍寶，另建一樓及床帳居之。凡有携猫求售，必如值收買。積數百頭，喂養婢僕亦數人。猫有死者，皆塚而瘞之，至今不衰。此乾隆季年間事，杭人蓋無不知之者。

嘉慶己卯，台州太平縣船户丁姓，泊舟沙頭，因猫失水，下沙救之，脚踏一物。檢之，則一小木匣，有銀百餘兩，而猫竟淹斃焉。漢自記

漢按：猫獻金寶，使主人發家，雖猫之義，亦由主人有德以應之。但陸墓之猫，享報未久，輒以傷食而亡，以視金姓猫，福禄相去何如。然而兩家之報德酬庸，可謂不遺餘力，若船户之猫，真不幸矣。

●畢怡安小姨子愛猫。一日，席上行酒令傳花，以猫叫聲飲酒爲度。每巡至怡安，猫必叫，怡安不勝酒創，疑甚。察之，則知小姨子故戲弄之，凡花傳至怡安，輒暗掐猫一指使叫云。《聊齋志異》

●金陵閻右子，蕩覆先業，不勝逋責，决意自盡。一日，市酒肴與妻示决，夫妻對泣，不忍飲食，遂相與縊焉。家有猫，哀鳴躑躅，其肴在案不顧也，數日不食死。《賢奕編》

●有李侍郎，從苗疆携一苗婆歸，年久老病，常伏臥。嘗養一猫，酷愛之，眠食必共。其時里中傳有夜星子之怪，迷惑小兒，得驚癎之疾，遠近惶惶。一日，有巫姑云能治之，乃製桃弓柳箭，繫以長絲，伺夜星子乘騎過，輒射焉。絲隨箭去，遣人迹之，正落某侍郎家。忽婢子報老苗婆背上中箭，視之，已懵然，而所畜之猫尚伏跨下，然後知老苗婆挾術爲祟，而常以猫爲坐騎也。《夜譚隨録》

●江寧王御史父某，有老妾，年七十餘，畜十三猫，愛如兒子，各有乳名，呼之即至。乾隆己酉，老奶奶亡，十三猫繞棺哀鳴，喂以魚飧，流泪不食，餓三日，竟同死。《子不語》

●沂州多虎，陝人焦奇寓于沂，素神勇，入山遇虎，輒手格斃之。有欽其勇，設筵款之，焦乃述其生平縛虎狀，意氣自豪。倏一猫，登筵攫食。主人曰：『鄰家孽畜，可厭乃爾！』無何，猫又來。焦奮拳擊之，肴核盡傾碎，而猫已躍伏窗隅。焦怒，逐擊之，窗櫺亦裂，猫一躍登屋角，目眈眈視焦。焦愈怒，張臂作擒縛狀，而猫嗥然一聲，過鄰牆而去，主人撫掌笑，焦大慚而退。夫能縛虎而不能縛猫，豈真大敵勇、小敵怯哉！《諧鐸》

●一家有巨鼠爲害，諸猫皆爲所斃。後西賈持一猫至，索五十金，包可除鼠。因買置倉中，鼠至，猫匿身于穀，僅露其首。鼠過其前，初若不見者；俟鼠稍倦，乃突出銜之。互相持日許，鼠竟斃焉，猫亦力盡而死。稱鼠重三十斤。《新齊諧》

●閩中某夫人，喜食猫，得猫則先貯石灰于罌，投猫于內，而灌以沸湯。猫爲灰氣所蝕，毛盡脱，不煩撏治；血盡歸于臟腑，肉白瑩如玉，云味勝雞雛十倍也。日日張網設機，所捕殺無算。後夫人病危，呦呦作猫聲，越十餘日乃死。《閩微草堂筆記》

●天門蔣丹林都憲，京寓有子母猫，依依几席前，每日必俟母猫先食畢而後食，家信中因偶及之。時都憲爲奉天府丞，其母尚在，都憲常殷慕念，人以爲孝感所致。都憲乃感嘆，作《猫侍母食歌》二章，一時瀋陽同寅，皆咏其事。蔣笙陔殿撰父丹林，自記年譜注。

●鄒泰和學士，有愛猫之癖，每宴客，召猫與孫側坐，賜孫肉一片，必賜猫一片。督學河南，按臨商丘，失一猫，嚴檄督縣捕尋，令苦其煩，則以印文覆之，有云遣役挨民户搜查，憲猫無獲。《隨園詩話》

漢按：古今名賢，有猫癖者多矣。若昔之張大夫、今之鄒學士之好猫，則尤酷爾。近年玉環廳某司馬，有八猫，皆純白色，號『八白』。常用紫竹稀眼櫃籠之，分四層，每層居二猫，行動不分遠近，必携以從，此亦可謂酷于好矣。

劉少塗云：姚伯昂副憲元之，養一黑猫，形相如虎，甚愛之。且親爲繪于軸，余于公京邸中見之，覺神氣如生，副憲固精于繪事也。

陶文伯云：畫家有《九九消寒圖》。《豹影紀談》載，石湖居士戲用鄉語云：『八九七十二，猫兒尋陰地。』

又云：俗以事不盡善者，謂之『三脚猫』。嘉靖間，南京神樂觀道士袁素居，果有一枚，極善捕鼠，而走不成步，循檐上壁如飛也。見《七修類稿》。

又云：元新官出京，有應盤纏者，同去就與管事，謂之猫兒頭。見《七修類稿》。此即今之所謂帶肚者也。

劉月農巡尹云：山東臨清州産猫，形色豐美可珍，惟耽慵逸，不能捕鼠，故彼中人以男子虚有其表而無才能者，呼之爲『臨清猫』。

●合肥龔芝麓宗伯，所寵顧夫人，名媚，性愛狸奴。有字烏員者，日于花欄綉榻間徘徊撫玩，珍重之意，逾于掌珠。飼以精粲嘉魚，過饜而斃。夫人惋悒累日，至于輟膳。宗伯特以沉香斲棺瘞之，延十二女僧，建道場三晝夜。鈕玉樵《觚賸》

江西崇仁縣沈公側室，嘗養猫數十隻，各色咸備，繫以小鈴，群猫聚戲，則琅琅有聲。每日有猫料一分開銷。沈公，嘉慶拔貢，名棠。

劉庚卿先生華杲云：俞青士之母好猫，常畜百餘隻，僱一老嫗，專事喂養。閨房之内，枕邊几上，鏡臺衣桁之間，無處非猫也。青士暨其尊公之幕囊宦囊，每歲爲猫料所銷，誠不少也。

吴雲帆太守云：高太夫人，係穎樓先生正室，小樓觀察之母也。爲浙中閨秀，頗好猫，嘗搜猫典，著有《銜蟬小録》行于世。夫人名蓀薏，字秀芬，會稽孫姓，著有《貽硯齋詩集》。

漢按：猫之貽愛于閨閣者有如此，以視前篇所載李中丞、孫閩督兩閨媛之所好，尤爲奇僻。然終不若高太夫人之好，且爲著書以傳，斯真清雅。惜此《銜蟬小録》，一時覓購弗獲，無從采厥緒餘，光我陋簡。孫子然云：『夫人有咏猫句云：「一生惟惡鼠，每飯不忘魚。」』子然，名仲安，夫人族弟。

品藻

蠢動雜生之中，有一物能得名賢嘆賞，詞人題咏，則其爲生也榮矣。然非有德性異能，豈易致哉？古今來品題文藻，旁及于猫者匪少，蓋猫固有德性異能也。有修獲此，烏得不爲猫榮！輯《品藻》。

●《詩經》：有猫有虎。

●《莊子》：獨不見夫猫性乎？卑身而伏，以俟遨者，原注：遨，遨遊也。東西跳梁，不避高下。《淵鑒類函》

●又：騏驥驊騮，一日千里，捕鼠不如狸狌，言殊技也。

●《尹文子》：使牛捕鼠，不如狸狌之捷。

●《史記·東方朔傳》：騏驥騄駬，飛兔驊騮，天下之良馬也，將以捕鼠，不如跛猫。

●《淮南子》：審毫釐之計者，必遺天下之大數；不失小物之選者，惑于大事，譬猶狸之不可使搏牛，虎之不可使搏鼠也。

●《八紘譯史》：高昌國不朝貢，唐使人責之，國王曰：『鷹飛于天，雉竄于蒿，猫遊于室，鼠安于穴，各得其所，豈不快哉？』

漢按：此與《朝野僉載》所云『縛虎與猫，終無脱日』，其境界舒結不同，迥然矣。

●《説苑》：使騏驥捕鼠，不如百錢之狸。

●唐崔日用《臺中詞》曰：臺中鼠子直須諳，信足跳梁上壁龕。倚翻燈脂污張五，還來嚙帶報韓三。莫浪語，直王相，大家必若賜金龜，賣却猫兒相報賞。

漢按：詩序：『崔爲御史中丞，賜紫，未得佩魚。嘗因宴撰詞云云，中宗即以金魚賜焉。』

黄香鐵待詔云：唐盧延讓業詩，二十五舉方登一第，有『餓猫臨鼠穴，饞犬舐魚砧』句，爲成中令汭見賞。又有『栗爆燒氊破，猫跳觸鼎翻』之句，爲王先主建所賞。嘗謂人曰：『生平投謁公卿，不意得力于猫兒狗子也。』

漢按：唐人咏猫詩甚少，胡知魋笛灣云：『路德延小兒詩「猫子彩絲牽」。又元稹《江邊》詩「停潦魚招獺，空倉鼠敵猫」。』此又盧延讓猫詩之嚆矢也。

●黄山谷《謝周元之送猫》詩：養得猫奴立戰功，將軍細柳有家風。一簞未免魚餐薄，四壁常令鼠穴空。

漢按：陸放翁云：『先君嘗讀山谷猫詩，而嘆其妙。』

●羅大經猫詩：陋室偏遭黠鼠欺，狸奴雖小策勛奇。扼喉莫訝無遺力，應記當年骨醉時。

●張無盡《猫》詩：白玉狻猊藉錦茵，寫經河上淨明軒。吾方大謬求前定，爾亦何知不少喧。出没任從倉内鼠，鑽窺寧似檻中猿。高眠永日長相對，更爲冬裘共足温。

●林希逸《戲號麒麟猫》詩：道汝含蟬實負名，甘眠晝夜寂無聲。不曾捕鼠只看鼠，莫是麒麟誤托生？

●金國李純甫《猫飲酒》詩：枯腸痛飲如犀首，奇骨當封似虎頭。嘗笑廟謨空食肉，何如天隱且糟丘。書生幸免翻盆惱，老婢仍無觸鼎憂。只向北門長卧護，也應消得醉鄉侯。

●《委巷叢談》：古人咏猫絶句甚多，而用意各别。黄山谷《乞猫》詩云：『秋來鼠輩欺猫死，窺甕翻盆攪夜眠。聞道狸奴將數子，買魚穿柳聘銜蟬。』喻小人得志，冀用君子之意。劉子亨云：『口角風來薄荷香，緑陰庭院醉斜陽。向人只作猙獰勢，不管黄昏鼠輩忙。』語涉訕刺。劉潛夫云：『古人養客乏車魚，今爾何功客不如。食有溪魚眠有毯，忍教鼠嚙案頭書。』語稍含蓄，而督責亦露。陸務觀云：『裹鹽迎得小狸奴，盡護山房萬卷書。慚愧家貧策勛薄，寒無氈坐食無魚。』庶乎厚施薄責，而報者自愧。惟劉伯温云：『碧眼烏圓食有魚，仰看蝴蝶坐階除。春風蕩漾吹花影，一任人間鼠化鴽。』真豁達含宏，法禁不施，而奸宄自化，信乎王佐才也！《全浙詩話》

●林逋猫詩：纖鉤時得小溪魚，飽卧花蔭興有餘。自是鼠嫌貧不到，莫慚尸素在吾廬。

漢按：《全浙詩話》引屠隆《珂雪齋外集》，以此詩爲史彌遠《題黄荃畫幀》，其畫則山丹下卧一猫也。予初録而讀之，輒覺口吻不類，蓋史權相也，何有『鼠嫌貧不到』之語？屬之和靖，則情神逼肖，且史亦才士，何用盜詩？以見古今題畫之作，多不足恃，而鉛槧家誠不可以不考也。

●蔡天啟《乞猫》詩：厨廪空虚鼠亦飢，終宵咬嚙近燈帷。腐儒生計惟黄卷，乞取銜蟬與護持。

●王良臣《題畫猫》云：三生白老與烏圓，又現吴生小筆前。乞與王家禳鼠禍，莫教虚費買魚錢。

●柳貫《題睡猫圖》云：花陰閑卧小於菟，堂上氍毹錦綉鋪。放下珠簾春不管，隔籠鸚鵡唤狸奴。

●元好問《題醉猫圖》云：窟邊癡坐費工夫，倒輥横眠却自如。料得先師曾細看，牡丹花下日斜初。

又：飲罷雞蘇樂有餘，花陰真是小華胥。但教殺鼠如山了，四脚撩天却任渠。

●張思廉作《縛虎行》白門弔吕布詩：捽虎腦，截虎爪。眼視虎，如猫小。瞿佑《歸田詩話》

●李璜以二猫送友人詩，録一：銜蟬毛色白勝酥，搦絮堆綿亦不如。老病毗耶須減口，從今休嘆食無魚。

●文徵明《乞猫》詩：珍重從君乞小狸，女郎先已辦氍毹。自緣夜榻思高枕，端要山齋護舊書。遣聘且將鹽裹箬，策勛莫道食無魚。花陰滿地春堪戲，正是蠶眠二月餘。《咏物詩選》

●張劭《懶猫》詩：豢養空勤費夜呼，性慵奈像主人何。鬚燃爨穴防寒早，目送跳梁戒殺多。食少魚腥春悶悶，眠殘花影雪皤皤。長卿四壁雖如水，誰管偷詩物似梭。同上

按《隨園詩話》：武林女士王樨影《懶猫》詩云：『山齋空豢小狸奴，性懶應慚守敝廬。深夜持齋聲寂寂，寒天媚竈睡蘧蘧。花陰滿地閑追蝶，溪水當門食有魚。賴是鼠嫌貧不至，不然誰護五車書。』

●姚之駰《咏猫》五言排律云：舊讀迎猫禮，無教忽百錢。似人愁白老，重爾號烏圓。靈豈蕭妃化，名嗤義府傳。戲群藏緑帳，分列坐青氈。張目俄如綫，垂頭恐裂鞭。害苗旌見食，互乳見能賢。修職辭仁者，爲威故赫然。狸奴方欲戰，鼠輩敢同眠。竺國元依佛，天壇已唤仙。花陰無飽卧，寄語聘銜蟬。

●袁子才《謝尹望山相國贈白猫》詩：狸奴真個賜貧官，惹得群姬置膝看。鼠避早知來處貴，魚香頗覺進門歡。果然絳帳温存久，不比幽蘭付侍難。公先賜蘭，已萎。寄語相公休念舊，年年書札報平安。

●王笠舫衍梅《猫鬼》詩云：隋文下詔搜蠱毒，獨狐陀誅母高族。助鬼爲虐徐阿尼，如養烏鬼家祭之。修仙不隨燕真去，成精却伴張摶嬉。

又《猫鬼圖》詩：紙灰團作蝴蝶戲，藥汁舐作魚腥吞。

漢按：笠舫，山陰人，道光年以進士令廣西，有《緑雪堂集》。

●端木鶴田國瑚詩云：玉面狸兒妖似妹。《太鶴山房集》

●朱聯芝《猫贊》云：碩鼠碩鼠，無食我黍。王之爪牙，有猫有虎。

漢按：朱烽，字煉之，温之永嘉場人，本名聯芝。有學有行，浮沉鄉里而終。著有《甌中紀俗詩》，道光辛卯年卒，蓋眇一目而能視者也。

●朱聯芝《甌中清明紀俗詩》：女猫男犬賤稱名，雜養貪教易長成。圈頸一般新柳緑，今朝佳節正清明。注見上

裘子鶴參軍云：古今咏猫詩頗多，猫之畏寒貪睡，尤爲詩人作口實，如張無盡之『更爲冬裘共足温』，又『高眠日永長相對』，劉仲尹之『天氣稍寒吾不出，氍毹分坐與狸奴』，林逋之『飽卧花陰興有餘』，柳道傳之『花陰閑卧小於菟』，與前明高啟之『花陰猶卧日初高』，國朝女史袁宜之之『亂書常被懶猫眠』等句，確爲狸奴寫照。若盧延讓之『餓猫臨鼠穴』，則寫其神情也；蘇玉局之『亡猫鼠益豐』，則寫其功用也；魯星村之『猫捧落花戲』，則寫其韻致也。至于劉克莊之咏猫捕燕云『文彩如彪膽智飛，畫堂巧伺燕兒微』，是又有感而云然耶！

陶潔甫云：「楊光昌句云：「桃花林裏飛雲母，柳樹陰中睡雪姑。」是亦睡猫之一證。」光昌，國朝湖南人，著有《插花窗集》。

余藍卿云：吾鄉史半樓，有『猫起被餘温』之句，時人呼爲『史猫』。史謂：『李林甫以柔害物，故不理人口，今若此，毋乃不雅馴乎？』余解之曰：『崔鴛鴦、鄭鷓鴣尚矣，然不又有梅河豚乎？河豚猶可，奚有于猫？』史乃悦。

余舊有咏猫一絶，或謂此爲懷才之士，不能棄暗投明設説，其知余哉！詩云：『驅除鼠耗平生志，何必争言豢養恩。大用不能成虎變，空撑牙爪向黄昏。』漢自記

漢按：近日相傳一儒士咏猫句云『好魚性與大賢同』，是則硬拉猫入道學矣，良堪捧腹。

●何夢瑶《猫詞調寄南浦》：金鎖倦挑笙，向闌干，起聽秋蟲宵語。楊子可曾過，空夸説，蕭寺錦衾吟苦。蠶眠二月，裏鹽曾記新迎汝？孤負銜蟬名字好，只解朵頤鸚鵡。分明楦個麒麟，問今日，何多逢人呼汝。莫更觸璃屏，西來久，往事不堪重數。憑誰好手，繪來雙綫花陰午。休道金睛消不得，可也鬬如虓虎。

●吴石華《調寄雪獅兒·咏猫》有序：『錢葆馚有《雪獅兒·咏猫詞》，竹垞、樊榭、穀人并和之，引徵故實，各不相襲，後有作者，難爲繼矣。余則全用白描，亦擊虛之一法也歟？』詞曰：『江茗吴鹽，聘得狸奴，嬌慵不勝。正牡丹花影，醉餘午倦，荼蘼架底，睡穩春晴。淺碧房櫳，褪紅時候，燕燕歸來還誤驚。伸腰懶，過水晶簾外，一兩三聲。　休教劃損苔青，只繞在牆陰自在行。更圓睛閃閃，癡看蛺蝶，回廊悄悄，戲撲蜻蜓。蹴果才間，無魚慣訴，宛轉裙邊過一生。新寒夜，伴熏籠斜倚，坐到天明。』

●明胡侍《駡猫文》曰：家有白雄雞，畜之久矣。乃者栖于樹顛，而横遭猫啖。乃呼猫俾前，而駡之曰：『咄，汝猫！汝無他職，職于捕鼠。以兹大蜡，古也迎汝。不鼠之捕，曰職不舉，而又司晨之禽焉是食。計汝之罪，匪直不職而已也？咄，汝猫！相鼠有類，實繁厥徒：或登承塵，或撼户樞；或緣榻蕩几，或噏鐏舐盂；或覆奩軋櫝，或齧圖褫書。汝于是時，儻伺須臾，即不逾房闥，而汝之腹以飫，人之害以除矣。其或不然，則但據地長號，咆哮噫嗚！雖不鼠輩之克殄，而聲之所懾，鮮不縮且逋矣。而寂不汝聞，而宵焉其徂，吾不意窺高乘虛，越垣歷厨，緣幹超枝，攀柯摧萼，而勞苦于一雞之圖。鼠爲人害，汝則保之；雞具五德，汝則屠之；鼠也奚幸，雞也奚辜！雖則汝有，不若汝無。無汝則鼠之害不益于今，而雞之禍吾知免夫。』《淵鑒類函》

●楊蘷《畜猫説》：敬亭叟之家，毒于鼠暴，乃賂于捕野者，俾求狸之子，必鋭于家畜。數日而獲諸，忭逾得駿。飾茵以栖，給鱗以茹，撫育之如字諸子。其攫生捕飛，舉無不捷，鼠懾而殄影。

●毛序始《猫彈鼠文》：臣猫言：『臣以賁皇之同姓，爲慞惇之後身。蒙被私恩，獲居禁近。鼾睡卧榻之側，獨肯見容；高踞華屋之巔，初不爲怪。甚且引登席上，授置臺中，食必分肥，坐或加膝。搏擊斃能言之鳥，竟免詆訶；盤旋亂將覆之碁，輒承嘉悦。凡諸異數，超越同儕。臣何敢辭口舌之勞，致有負爪牙之任。故常效張湯之磔，不欲以義府之柔。務俾么麽之黨類盡除，方保公家之器物無損。豈彼自務五技，訖持兩端，嘖嘖者不厭煩，呰呰焉且惑聽。臣請暴其鬼蜮之狀，絶此侏俚之聲。謹按捜粟，都尉兼掠；剩使襲封，同穴猴鼠。子本係小醜之尤，冒稱諸蟲之老。于辰支雖居首，在物類爲最微。賦形既消沮不颺，禀性復狡獪莫比。光天化日之下，暫爾潛踪；暗室屋漏之中，公然逞惡。營窟穴以藏匿，時爲兔脱之謀；畏首尾而伏行，更甚狗偷之態。漫云有體，誰謂無牙？速訟遂已穿墉，鑽隙何曾忘壁。甚至傷犧牛之角，不顧小郊；學城狐之奸，遽思憑社。糞污江密，實助黄門之譖言；齒嚙馬鞍，幸賴蒼舒之善解。尤可耻者，從乞兒以遊戲都市，巧取金錢；見士人而拱揖庭階，故爲妖妄。或渡河而踐尾，奚堪侶江渚之魚蝦；至墜地而居傷，詎能及淮南之雞犬？縱教幻化，誰復責爲其肝；相彼貪饕，何可時滿其腹？惡難悉數，罪不容誅。非斷以老吏之獄辭，曷殲夫若輩之族屬。是使食苗食黍，終致嘆于魏風；而在厠在倉，恒興嗟于秦相也。伏惟箝斯甘口，燭其點心，敕付臣貓，追捕如律。庶皇甫擊楊慶之首，譴責無逃；蕭妃扼武曌之喉，報施不爽。臣愚莽，干冒威嚴，仰候指揮。』制曰：『爾貓！名雖不列地支，種實傳來天竺。念爾祖祟祀于八蜡，既與虎而同迎，乃嗣孫舊竄于三危，嘗以獅而爲號。惟兹鼠耗，叵耐鴟張；孰曰苗頑，正資鸇逐。而昨暫出，彼即肆凶，窺甕翻床，任疾呼而不止；嚙書遺矢，欲安寢而無從。爾無忌器不投，定須聞聲即捕。尚防抱頭而竄，勿容泣血以思。用假便宜，恪共常職。』《堅瓠集》

●松陵朱長孺鶴齡有《貓説》，借貪貓以喻墨吏，亦有激之言。説曰：『余家多鼠患，藏書每被嚙蝕。鄰家有貓，乞得之，形魁然大，爪牙甚銛。始至，群鼠屏息穴中，私喜鼠患自此弭矣。迨月餘，患復作，終夜咋咂有聲。余怪而視之，則貓與鼠比同寢處，若倡和然。詷其故，貓性貪，嗜飽魚腥，中厨所庋，見必竊食。鼠覺其然，凡貓之所嗜，鼠必預儲以遺之。貓啖而德之，遂一任所爲。鼠始以形之大也畏貓，既以所嗜嘗貓，終則狎貓豢貓，利有貓，其出而爲患也益無忌。余乃嘆曰：「甚哉，貪之毒也！使貓無所竊，鼠其敢嘗之耶？貓既先鼠爲竊，其能禁鼠之群竊耶？畜貓本以捕鼠，而今反以導鼠；且昵之爲一，是鼠魁也，曷若去鼠魁，而群鼠之患猶或少弭耶？」乃命童子鎖其項，縶其足，數而搏

之，沉之于交衢之涸。』同上

●黄之駿《討猫檄》曰：『捕鼠將佛奴者，性成巽儒，貌托仁慈。學雪衣娘之誦經，冒尾君子之守矩。花陰晝懶，不管翻盆；竹簟宵慵，由他鑿壁。甚至呼朋引類，九子環魔母之宫；疊背登肩，六賊戲彌陀之座。而猶似老僧入定，不見不聞；傀儡登場，無聲無臭。優柔寡斷，姑息養奸。遂占滅鼻之凶，反中磨牙之毒。閻羅怕鬼，掃盡威風；大將怯兵，喪其紀律。自甘唾面，實爲縱惡之尤；誰生厲階，盡出沽名之輩。是用排楚人犬牙之陣，整蔡州騾子之軍。佐以牛棰，加之馬索。輕則同于執豕，重則等于鞭羊。懸諸狐首竿頭，留作前車之鑒；縛向麒麟楦上，且觀後效之圖。共奮虎威，勿教兔脱。』鐸曰：『昔萬壽寺彬師，以見鼠不捕爲仁，群謂其誑語，而不知實佛門法也。若儒生一行作吏，以鋤惡扶良爲要，乃食君之禄，沽己之名，養邑之奸，爲民之害。如佛奴者，佛門之所必宥，王法之所必誅者矣。』《諧鐸》

●《義猫記》云：山右富人所畜之猫，形異而靈且義。其睛金，其爪碧，其頂朱，其尾黑，其毛白如雪，富人畜之珍甚。里有貴人子，見而愛之。以駿馬易，不與；以愛妾换，不與；以千金購，不與；陷之盜，破其家，亦不與。因携猫逃至廣陵，依于巨富家，亦愛其猫，百計求之不得，以鴆酒毒之。其猫與人不離左右，鴆酒甫斟，猫即傾之，再斟再傾，如是者三。富人覺而同猫宵遁，遇一故人，匿于舟後，渡黄河，失足溺水。猫見主人墮河，叫呼跳號。撈救不及，猫亦投水，與波俱汨。是夕，故人夢見富人云：『我與猫不死，俱在天妃宫中。』天妃，水神也。故人明日謁天妃宫，見富人屍與猫俱在神廡下，買棺瘞之，埋其猫于側。嗚呼！蟲魚禽獸，或報恩于生前，或殉死于身後，如毛寶之白龜、思邈之青蛇、袁家兒之大獰犬、楚重瞳之烏騅馬，指不勝屈。若猫之三覆鴆酒，何其靈；呼救不得，徇之以死，何其義。又豈畜類中所多見者耶？然其人以愛猫故，被禍破家，流離異域，復遭鴆毒。非猫之幾先，有以傾覆之，其不死于毒者幾希矣！及主人失足河流，跳叫求援，得相從于洪波之中，以報主人珍愛之恩。以視夫爲人臣妾，患至而不能捍、臨難而不能決者，其可愧也夫！其可愧也夫！徐岳《見聞録》。并見《虞初新志》《説鈴》。

●張正宜《猫賦》云：猫之爲獸，有獨異焉。食必鮮魚，卧必暖氈，上竈突兮不之怪，登床席兮無或嫌。恒主人之是戀，更女子之見憐。彼有位者仁民，且豢養之兼及。在吾儕爲愛物，豈嗜好之多偏。是故張大夫不辭猫精之貽號，而童夫人肯使獅猫之亡旃。王朝清《雨窗雜録》

●趙古農《迎猫制鼠説》：粤人有患鼠者，思以治之，而未得其術也。適客從外至，談及鼠患，客曰：『是非猫不爲功。』主人曰：『顧安所得猫乎？子盍爲我穿柳聘之？』客唯唯而退。明日，果迎猫來。主人深喜謝客，爰命家人貯紗帷内，席以毛毯，飯以溪魚，日省視之，惟恐逆其意者。噫！主人可謂厚遇此猫矣。然猫亦竊解人意，花陰飽卧，時作虎威，聲頻喊露。是夜，群鼠首兩端而不敢出也，主人舉家咸慰，以爲猫之爲功大矣。亡何，有鼠之黠者，挑群鼠而起。伺猫不及見處，唧唧作聲。久之，翻盆窺壁，齧者碩者，咸集一室。有舞于門者，有拱立而拜揖者，更有交足于頸跳擲者，甚則晝累累與人并行，夜則竊嚙鬥暴，其聲萬狀。熏之不可，掘之不得，投之而忌乎器。猫怒，欲嚙之，或反爲鼠所嚙。于是家人咸咎猫之無能，致見哂于五德。猫鬱鬱不樂，實亦不解鼠何以至此，且技之絀于鼠也。因鳩群鼠切責之，復理論之，并告以主人厚遇之意，而群鼠無忌如故。由是猫更恚懣不已，曰：『嗚呼！鼠之冥頑不靈，恃其五技，殆有甚于鄰鼠也，予烏能忍與之同眠乎？無寧使人謂我見幾而作，而謂我尸位而素餐，可乎？』未幾，客復來，主人具告之故。客若有所失，謂主人曰：『子知夫猫乎？系本西番，昔爲使臣上貢。道經莊浪驛，或試以鐵籠，納空室中。詰朝起視，數十群鼠，竄伏籠外。凡所至，數里無敢咆哮者，兹固若此哉。』主人聞之，亦遂止家人之咎猫者，而猫復留。説者曰：『猫則良矣，如黠鼠何？世有食人之食，而不忠其事者，過無可辭。然食人之食，欲忠其事而未由者，咎誰任哉？仲尼曰：「吾未如之何也已。」猫于鼠，又何難焉？』

漢按：趙古農，番禺人，爲粤東老幕友也。此篇爲裘子鶴參軍抄送，其所措詞，大有寓意，故特録之。

補

●敬亭叟家毒于鼠暴，穿緬穴墉，室無全宇；咋嚙篚筐，帑無完物。乃賂于捕野者，俾求狸之子，必鋭于家蓄。數日而獲諸汴，歡逾得駿。飾苗以栖之，給鱗以茹之，撫育之厚，如字諸子。其攫生搏飛，舉無不捷，鼠懾而弥影，暴腥露膻，縱横莫犯矣。然其野心常思逸于外，冈以育爲懷。一旦怠其紲，逾垣越宇，倏不知所逝。叟惋且惜，涉旬不弭。弘農子聞之曰：『野性匪馴，育而靡恩，非獨狸然，人亦有旃。梁武于侯景，寵非不深矣；劉琨于疋殫，情非不至矣。既負其誠，復反厥噬。』嗚呼！非所蓄而蓄，孰有不叛哉！紹聖二年九月，黄庭堅書。　黄魯直《蓄狸説》

漢按：山谷兹帖，固當首列。乃書成後，丁雨生始爲余言，因寓書周緩齊厚躬從澄海張浦雲明府邦泰處抄至，亟爲補入。惟中如緬、汴、弥、冈、殫諸字，可解不可解，若『汴』疑作『忭』字，『弥』俗『殄』字，『冈』即『罔』字，『殫』或謂『磾』字之訛。兹悉仍其原，識以俟考。

●大蘭王朱相者，頗好客，鹿馬猴狗俱在門下，而鼠爲多。一日，有薦猫至，頗佳，然陰爲鼠所忌，猫初不知也。顧必思有以中傷之，以鹿馬持正不阿，知不可動，乃嗾猴狗讒之。猫無失德，猴狗不能爲害。王有子，長曰象，仲曰兔，兔者爲其形似而言，性頗佻倢，鼠輩欲假兔以行其計。會王改封還藩，乃遂以猫搏兔言于王，王初弗聽。無如鼠輩譖之力，王乃去猫。鹿馬聞之，嘆曰：『猫非獅，何搏兔之有？輕聽而去賢，何王不察之甚！』久之，王亦浸有所聞，頗自悔，然而群鼠之計已行，相與于窟穴中竊笑王愚矣。先是有善相者，謂王形蠢惡，後必遭屠。未幾，流寇亂起，王果遇難，群鼠遂分其貲糧而散。《焚椒餘話》

漢按：此即或謂指福藩而言，然無可考。但聽小人之讒，而逐賢士，甚至甘以穢名加之親子而不恤，今日士大夫之如大蘭王者不少也，言之殊不值一噱。

●含毛國，在震旦之南，衣冠異而制度同，取士有丙科丁科，猶中國之有甲乙科也。有臧居子者，乳名麒麟猫，丙科出身，曾充掄材使，因事降爲郡將。一日奉命鹵州勾當公事，咸謂其才望重，莫不思一瞻丰采。及既戾止，當事大夫供張惟謹，論者謂臧居子兹來，必有經濟之談，必有文章之會，否則，亦必有詩歌留題，爲斯邦大雅之資。居數月，乃寂然無所聞。未幾，聞有郵亭風月之狎，繼聞沉湎于酒色矣。而且于纏頭費甚吝，妓人薄之，復有使氣作踐之舉，于是譏誚起而笑駡盈道路矣。論者復謂王朝所稱有才望者，大抵如斯耶？抑門祚官方之玷，皆可不足恤耶？抑天地氣運就衰，例生此敗類耶？議論甚不一，已而又皆寂然矣，似以若而人者，有不屑譏誚笑駡議論者也。然而時聞君子有太息聲。宮朝《睹麒麟猫説》

●盧胡叟曰：爲麟使人瞻仰，爲猫使人取用，若麒麟猫者，適足令人齒冷，況又有穢行乎？所謂天地衰氣使然，例生敗類，似或不誣，烏得不爲太息？

漢按：右二篇與山谷《蓄狸説》，皆是因小見大之文。

又按：『富貴不淫』稱之大丈夫，若富貴而以致君澤民爲念，國爾忘家，非止『富貴不淫』而已，直可以聖賢稱之也。然有此作用，方可謂爲不負天地、不負君父及不負所學，若而人者，豈不令薄海人民瓣香千載也乎？

頃者得無名氏《賓猫説》，頗有機趣，亦因小見大之文，足以諷世，亟爲補入，俾廣見聞。其詞曰：里有得猫于都會者，體偉而毛澤，頸繫鈴，尾拖彩，步武從容，見者咸悦之，以爲必善捕鼠也。故食鮮眠暖，優以待之，且呼之爲賓猫。詎養數月，鼠患依然，又數月則愈熾焉。始則以其慵于捕；徐察之，竟無能捕。其家舊有猫，不甚肥澤，捕鼠頗勤，呼爲樸子，逸去幾半載，主人于是復求而獲之，已而鼠患遂息。且見樸子漸與賓猫狎，一鳴一躍，若有所獻納，而賓猫絶不之顧，且時作威狀拒之。樸子旋退去，索然自處。主人因而私察賓猫，常高踞屋脊，非撲蝶則捕蟬，或雌雄相追逐；有餌以魚與肉，則伏而大嚼；既饜飫，即酣睡焉。主人爲之喟然長嘆，乃戲繫大鼠十數環，擲其卧窩，群相撑拒啾唧。賓猫見之，大驚而逸，遂不知所之。桴浮子曰：『無技能而享高厚，貪野食而耽惛淫，置主人事于不顧，有獻納而不知受，甚至見群大鼠而驚逸，若斯賓猫，固不復知有羞恥事。然不審于衾影中，或稍有愧于心否？嗚呼！鼠患熾至于不可救，大抵皆寶猫誤之耳。吾願蓄猫者，宜樸子是求，家道受益非淺。其都會來者，雖體偉毛澤，繫鈴拖彩，豈皆爲可寶哉？既誤，慎勿爲再誤也。」

漢按：三復斯篇，則觸景傷懷，不覺欲痛哭流涕。或曰才拙而志誠，于事或有補救之功。若樸子者，庶乎近焉。

相傳一巨猫，驕而怯。一日，忽得死鼠于盎中，自鳴且躍，若自詡其能。忽有大鼠群然過其前，則巨猫遂伏而不敢動，是亦寶猫之一流歟？王仲弇識

漢按：甌諺有云『瞎猫撞着死鼠，意外之遇』。然有一世爲瞎猫，而不遇死鼠者，則茲巨猫猶爲多幸。呵呵。

黄薰仁孝廉云：昔有人饋先君洋猫一頭，重十餘斤，狀極雄偉，人咸羡爲駿物。始則鼠亦稍知斂迹，豈知此猫性貪而懶，日則竊飲瓶中酒，夜則醺醺然卧，鼠欺其無能，擾亂尤甚，衆皆惡棄之，呼爲怪畜。時余叔適得一猫三足者，其後一足僅有上腿而無下爪，每呼食則跳躍難前，審其狀似斷不能捕鼠，但鼠聞其聲，莫不遠遁，較諸洋猫外强中乾，賢不肖爲何如。余以晉郤克、唐裴叔度，相傳皆跛一足，其建功立業，何嘗不赫烈耶！蓋人不可以貌相，余謂獸亦然。

《洋猫説》

漢按：近傳一官，惟耽麯蘖，不視事，人皆呼爲『醉猫』。或以爲誚，則曰：『我尚廉，無患也。』殊不知權已旁落，下人竊弄威福，其害尤甚于自作孽也。自古故重廉明，若昏而不明，雖廉何補！